懷舊糕餅 ②

呂鴻禹 著 ＼ 楊志雄 攝影

再現72道古早味

作者序

感謝大家對《懷舊糕餅90道：跟著老師傅學古早味點心》的疼惜與熱愛，使我有信心再出第二本懷舊糕餅的書籍。

這本書是從即將遺棄且已褪色的筆記本中再找回的記憶，因為年久紙張都已發黃，字跡也褪色得看不見，就像古時候的「無字天書」。

幸好憑著記憶及寫過的痕跡中找回了六十幾道，這些也是市面很少看到或已消失的糕餅，今將它串連成冊編輯出來，留為後人參考！

又因年代已久，且近來大家都注重食安問題，有些原物料已無法覓得，致使有些產品無法在此重現，深感抱歉！

本書也融入了我開店四十幾年的經驗，有幾篇將它分成營業版與家庭版，希望對想做生意或在家自做的都有所幫助！

再次感謝大家！

目　錄

目錄

烘焙筆記

開始之前……老師傅的叮嚀

自食安風波後,有些添加物都已不見,或者被改了名稱, 在此我將一些改了名稱的原物料及添加物詳記,方便讀者查詢及使用,且本書材料盡量避掉沒有必要的食品添加物;此外也與大家分享製作糕點時的小撇步。

製作糕餅常用的粉末

白雪粉

即為「進口馬鈴薯粉」,其色澤特白,用手觸摸如同玻璃紙般的光滑。

泡打粉

分為兩種功用,一為單一作用(接觸液體時才膨脹),另一種為二次發酵(接觸液體時膨脹一次,遇熱時再膨脹一次)。自食安風暴後「無鋁泡打粉」才被重視。自製

無鋁泡打粉:小蘇打粉、玉米澱粉、塔塔粉各 1/3 混合而成。

Tips 自製無鋁泡打粉屬一次性,混合後要趕快烘烤,以防活性失去效力。台灣屬海島型氣候,空氣較為潮濕,自製無鋁泡打粉需密封冷藏以利保存。

小蘇打粉

改名為「碳酸氫鈉」,色澤亮白、粉質粗乾,用手觸摸如同糖粉般有濕細感。其為天然的白色粉末,溶於水中

[**自製洗手粉**]

由小蘇打、鹼粉、燒明礬各取 1/3 混合而成的環保清潔劑。不僅可以用來洗手,清洗油污也非常有效,不會留油垢;連難清洗的焦底也可處理乾淨(水滾放入些許洗手粉浸泡 1 小時,視焦底厚薄延長浸泡時間);此外,廚房流理台或廚具的油垢處,先噴點水再撒些許洗手粉,以乾洗的方式塗抹後再用清水清洗,乾淨不油膩。

時為弱鹼性，會產生泡沫。亦為製作糕餅時常用的添加原料。

玉米澱粉

色澤潔白，用手觸摸滑溜有聲；與太白粉一樣是勾芡的主要原料。又分為兩種，白色為玉米澱粉，可製作布丁、卡士達餡、勾芡等；黃色為玉米麵粉，可製作酥餅、小饅頭、玉米片等。

塔塔粉

其為白色粉末，是釀造葡萄酒的過程中所生產的副產品，成分較為天然，不是化學原料，常用於製作蛋白霜及打發蛋白。

鳳片粉與糕仔粉

其兩者性質相同，可以互相替代使用。鳳片粉可拿來做糕仔，而糕仔粉也可用來做

鳳片糕。如果兩者都買不到也可自己做，將糯米粉蒸熟趁熱過篩（冷後會結塊變硬不好過篩），放涼後即成。

鹼粉

鹼粉、鹼油現已被改名為「無水碳酸鈉」，其色澤灰白、粉質粗鬆，用手觸摸如同海邊細沙般有粗粒狀。

安摩尼亞

在大陸稱為臭粉，因有一股很強的刺鼻味；台灣已改為「碳酸氫銨」或簡稱銨粉。其色澤亮白、粉質粗鬆，用手觸摸如同精製鹽般有顆粒狀。

燒明礬

性寒、味酸澀，具有解毒、殺蟲、止癢、止血、止瀉、清熱、消痰的功效；也是製作油條、雙胞胎主要的食品添加物。

麥芽糖

現今市售的麥芽糖都含有玉米澱粉或太白粉，此麥芽糖無法製作麥芽多糖少的產品（如雙環糖），因為成分不夠無法成型；只能用於麥芽少糖多的產品（如花生糖、沙琪瑪等），且糖溫要提高3度才可製作。

Tips 避免螞蟻入侵糖清仔與糕仔糖的方法：
只要在煮好的糖清仔與糕仔糖鍋底下墊一張衛生紙，螞蟻永不入侵。

第一章 / 糕點

不論是傳統的西式蛋糕——鳳梨客氣、水果條，或樸實麵香味的雞蛋糕、山東大餅，或由喜餅大餅改良的龍蝦月餅等，古早味的糕點就是有著誘人的吸引力，美味亙古不變。

鳳梨客氣

酸酸甜甜的鳳梨片使蛋糕別有一番滋味，水果入餡口感豐富，口味更顯清爽。

🥤 每個 80 克，可製作 12 個

材　料

發酵奶油 300 克、煉乳 200 克、雞蛋 2 個、低筋麵粉 400 克、蛋黃液（蛋黃 3 個、糖粉 30 克混合拌勻）、鳳梨片

作　法

01　低筋麵粉過篩備用。

02　烤盤上先擺好蛋糕百摺紙模。

03　發酵奶油先切塊（或放於室溫下融化）。

04　攪拌缸中放入切塊的發酵奶油、煉乳先打發。

05　打發至變白後，慢慢加入雞蛋拌打，雞蛋需一個一個放入拌打，以防出水。

06　待所有雞蛋全部放入後，加入低筋麵粉繼續攪拌均勻為麵糊。

07　麵糊裝入擠花袋，擠入烤盤上的紙模中，約擠至 8 分滿，表面放上鳳梨片。

08　進烤箱，以上下火各 180 度，烤 25 分鐘至蛋糕呈金黃色。

09　取出蛋糕後，趁熱塗上蛋液，使糕體表皮光亮。

Tips　鳳梨客氣與水果條是我最早學到的西式點心，且印象極為深刻。那時候沒有桌上型攪拌機，因此材料都放在鋼盆中與師父輪流把奶油打發，在打發的過程總是我兩手按住鋼盆的邊緣由師父先打，再慢慢加蛋，手痠了就換我以相同的方式繼續打發，直至雞蛋全部加完為止，最後才拌入麵粉。

水果條

配料簡單的水果條充滿著令人懷念的古早味西式甜點的
獨特風味，桔皮與葡萄乾，真是單純的美好！

每條 90 克，可製作 18 條

材　料

無鹽奶油 450 克、糖粉 300 克、雞蛋 5 個、低筋麵粉 600 克、葡萄乾 60 克、桔皮 30 克、蛋黃液（蛋黃 3 個、糖粉 30 克混合拌勻）、奶油適量

作　法

01　無鹽奶油切塊，或放於室溫下融化。

02　攪拌缸中放入無鹽奶油、糖粉先打發至返白。

03　再慢慢加入雞蛋（一個蛋一個蛋加入以防出水）繼續攪拌，倒入過篩的低筋麵粉拌均勻為麵糊。

04　將麵糊裝入擠花袋中。

05　烤盤裡放上蛋糕紙模，紙模裡先擠入一半的麵糊，放上葡萄乾、桔皮，再擠至 8 分滿。

06　麵糊表面擠入一條奶油，使其裂開，以便糕體內部容易熟透。

07　進烤箱，以上下火各 180 度，烤 25 分鐘呈金黃色即成為水果條。

08　取出後將水果條趁熱刷上蛋黃液使表皮光亮。

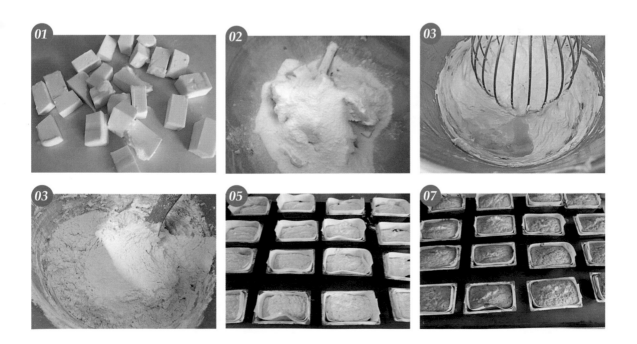

古早味雞蛋糕

樸實外型的古早味雞蛋糕是最懷念的童年糕
點，一份單純的美味。

🥛 每個 32 克，可製作 22 個

材 料

全蛋 300 克、砂糖 130 克、鹽 2 克、低筋麵粉 180 克、沙拉油 40 克、奶水 60 克

作 法

01 蛋糕模四周先擦油備用。

02 全蛋放入攪拌缸中略為打發，轉慢速後輕輕倒入砂糖續拌。

03 待拌打至顏色白，由大氣泡變小氣泡且綿密時，轉慢速，輕輕倒入低筋麵粉稍微攪拌均勻為麵糊。

04 取出麵糊放入盆中，倒入奶水輕輕拌均勻，加入沙拉油續拌即為蛋糕糊。

05 用湯匙舀蛋糕糊入模型中，約 8 分滿。

06 以上火 180 度、下火 200 度，烤 8 分鐘至熟成為雞蛋糕。

07 將雞蛋糕趁熱脫模，於室溫下放涼。

海綿蛋糕

鬆軟中帶點扎實口感的海綿蛋糕，濃濃的蛋香，一口咬下真是回味無窮。

🥛 每個 105 克，可製作 20 個

材 料

全蛋 900 克、砂糖 400 克、鹽 7 克、低筋麵粉 520 克、沙拉油 120 克、奶水 180 克

作 法

01 海綿蛋糕模四周先擦油備用。

02 全蛋放入攪拌缸中略為打發，再轉慢速輕輕倒入砂糖續打。

03 待拌打至顏色變白，由大氣泡變小氣泡且質地綿密，轉慢速拌打。

04 輕輕倒入低筋麵粉稍微拌均勻為麵糊。

05 取出麵糊倒入鋼盆中，加入奶水輕輕拌勻，放入沙拉油續拌為蛋糕糊。

06 用湯匙舀蛋糕糊入模型中，約裝 8 分滿。

07 進烤箱以上火 180 度、下火 200 度，烤 15 分至熟成為海綿蛋糕。

08 將海綿蛋糕趁熱脫模，於室溫下放涼。

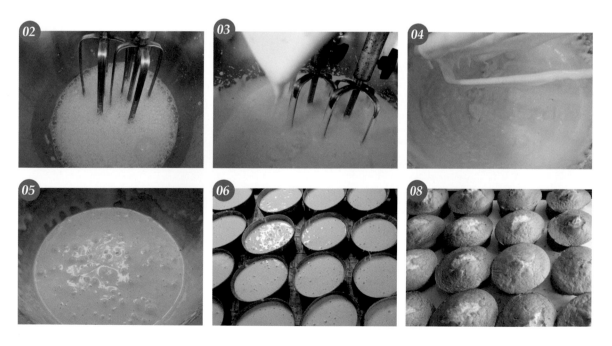

Tips　海綿蛋糕曾經與蘋果麵包風靡一時，但也一同衰退。現今已少有人製作，因為自從戚風蛋糕興起後，這種全蛋式的混合打法糕點已被分蛋式的蛋糕所取代，畢竟在口感上是截然不同。

龍蝦月餅

龍蝦月餅為龍蝦肉餅的縮小版,不僅餡料獨特又美味,更是鹽水地區一帶才有的糕餅。

每個約 76 克（油皮 20 克、油酥 6 克、內皮 30 克、內餡 20 克），可製作 20 個

材　料

內餡肉料
白肉 135 克、大蝦米 75 克、冬瓜條 60 克、紅蔥頭 15 克、熟白芝麻 15 克、百草粉 3 克

內餡皮料
低筋麵粉 300 克、糖粉 150 克、麥芽 60 克、雞蛋 1 個、豬油 45 克

油皮
中筋麵粉 200 克、糖粉 50 克、豬油 75 克、熱水 75 克

油酥
低筋麵粉 80 克、豬油 40 克

作　法

01　製作內餡：大蝦米洗淨後泡水，待膨脹後瀝乾水分備用。

02　白肉切丁，冬瓜條切丁備用。

03　熟白芝麻與紅蔥頭分別用擀麵棍碾碎。

04　鋼盆內放入大蝦米、白肉丁、冬瓜丁、芝麻碎、紅蔥頭碎及百草粉混合拌勻為肉餡。

05 製作皮餡（膏皮）：低筋麵粉以篩網過篩後放至料理台上，中間挖空。

06 挖空處放入麥芽、豬油拌勻，加入糖粉、雞蛋調和，從旁撥入低筋麵粉拌勻成團，揉至光滑為皮餡。

07 皮餡分成 20 塊，每塊包入白肉餡 20 克，搓揉成圓球為內餡（每個約 50 克）備用。

08 製作油皮：中筋麵粉以篩網過篩放至料理台上，中間挖空。

09 挖空處放入糖粉、豬油拌勻，分次加入水調和，從旁撥入中筋麵粉拌成團。

10 將油皮團揉至光滑，覆蓋上保鮮膜，靜置 20 分鐘，分成每個 20 克的小團。

11 油酥材料拌勻成團，分成每個 6 克的小團，約 20 團。

12 油皮分別包入油酥為油酥皮。

13 油酥皮以擀麵棍擀長，從旁邊捲起後再擀長，由上往下捲起至底部時往上翹起。

14　將每個油酥皮擀圓後分別包入內餡為月餅生胚。

15　圓模底部放上少許香菜，月餅生胚壓入模型中，收口朝上填滿，完成後脫模放於烤盤中。

16　進烤箱，以上火 150 度、下火 180 度烤 15 分鐘，取出後翻面，表皮塗上蛋液再進烤箱續烤。

17　烤溫轉至上火 130 度、下火 150 度烤 10 分鐘至表面略為膨脹即可取出。

Tips　作法 06 中若用糖粉與麥芽抽絲會較為粗糙；用豬油與麥芽調和較細膩。

芝麻喜餅

沾滿芝麻的大餅，酥香而不膩，烘烤後，香味撲鼻而來，是傳統台式喜餅中，非常受歡迎的口味！

每個 600 克（油皮 150 克、油酥 37.5 克、內餡 412.5 克），可製作 2 個

材　料

內餡

白肉 170 克、糖粉 150 克、麥芽 60 克、葡萄乾 20 克、奶粉 30 克、豬油 40 克、全蛋 1 個、紅蔥頭 10 克、白芝麻 10 克、熟粉 200 克（作法詳見本頁作法 02）、冬瓜條 70 克、桔餅 30 克

油皮

中筋麵粉 160 克、豬油 60 克、糖粉 25 克、水 60 克

油酥

低筋麵粉 50 克、豬油 25 克

裝飾

生白芝麻

作　法

01　製作內餡：白肉切小丁放入容器中，加入糖粉拌勻，冷藏兩天，使白肉變透明狀備用。

02　低筋麵粉 200 克放入蒸籠，水滾後以中火蒸 15 分鐘，至表面有濕狀及裂痕為熟粉。

03　熟粉用鍋鏟搓起能成塊且不會鬆垮即可從蒸籠取出，趁熱以篩網過篩。

04　白芝麻、紅蔥頭用擀麵棍碾碎。

05　葡萄乾、桔餅、冬瓜各切小丁。

06　盆中放入葡萄乾丁、桔餅丁、冬瓜丁、麥芽、豬油攪拌均勻，再加入雞蛋、白芝麻碎、紅蔥頭碎、白肉丁、熟粉拌勻成團為內餡。

07　取出內餡分成 2 團，每團約 412.5 克，搓圓備用。

08　製作油皮：中筋麵粉過篩後放於料理台上，粉末中間挖空，放入糖粉、豬油拌均勻，分次加入水調和，再從旁撥入中筋麵粉和拌成油皮團。

09　油皮團分成小團，每小團約 150 克。

10　製作油酥：盆中放入油酥材料拌均勻成油酥團，分成 2 團，每團約 37.5 克。

11　油皮小團中分別包入油酥團為油酥皮。

12　油酥皮以擀麵棍擀長，從旁邊捲起再擀長，由上往下捲起至底部時往上翹起。

13　捲好的油酥皮以擀麵棍擀圓，包入內餡，壓扁放入圓模中收口朝上填滿，為芝麻喜餅生胚。

14　將芝麻喜餅脫模，表面朝下，塗上少許水，放於鋪滿生白芝麻的烘焙紙上，以手壓實，使表面均勻沾上生芝麻。

15　再將生白芝麻面朝下放入烤盤。

16　進烤箱，以上火 150 度、下火 180 度，烤 15 分鐘，轉向續烤 10 分鐘。

17　取出芝麻喜餅，將餅翻面再進烤箱，轉上火 130 度、下火 150 度再烤 10 分鐘。

18　待芝麻喜餅表面略為膨脹即可取出。

〔　**喜餅的由來**　〕

相傳三國時代，孫權為了聯合劉備對抗曹操，所以接受了周瑜的獻計，假稱要把妹妹許配給劉備，諸葛孔明也將計就計，他事先收購了吳國所有糕餅店的大餅，分送給孫權的民眾及將士享用，同時又在吳國境內放起巨型風箏，上面寫著孫、劉聯婚，目的是為了使孫權不能反悔，從此孔明就成為喜餅的發明者。

象鼻子糕

外觀狀似象鼻，內包裹著棗泥餡，美味的糕點
搭配俏皮的名稱，著實有趣！

每個 45 克，可製作 12 個

材　料

圓糯米 200 克、水 150 克、棗泥餡 180 克、熟白芝麻 150 克

作　法

01　將糯米洗淨，以水浸泡 1 小時後濾乾水分。

02　濾乾的糯米放入電鍋中，外鍋加水 200 克煮至熟成為糯米飯。

03　糯米飯趁熱用擀麵棍搗至還殘留些許米粒的狀態為糯米團。

04　待糯米團放置稍微冷卻後即可製作。

05　放涼的糯米團分割成小團，每個約 30 克，包入棗泥餡 15 克。

06　包入棗泥的糯米團搓揉成圓球狀，表面沾滾熟白芝麻。

07　再用大拇指與食指壓入圓球兩側，形成中間突出象鼻子的形狀。

08　完成後，冷藏 1 小時即可食用。

Tips　象鼻子形狀要捏成上小下大，鼻孔深入才會像。

﹝象鼻的由來﹞

象鼻！是對詐騙者的稱呼。以前象棋對奕總會賭輸贏，利用自己的棋藝假裝先輸對手再慢慢加倍贏回來，此手段被稱為「象鼻」又稱「騙仙子（台語）」。現今的騙術更是過分，為「詐騙集團」。

金沙月餅

由早期訂婚禮餅「鹹味豆沙」演變的月餅，口感酥鬆、入口即化、鹹而不膩；猶如千層的螺旋狀外型，嬌小精緻。

每個 53 克（皮 15 克、酥 8 克、餡 30 克），可製作 20 個

材　料

油皮材料
中筋麵粉 170 克、糖粉 10 克、無水奶油 60 克、水 60 克、金黃起司粉 10 克

油酥材料
低筋麵粉 110 克、豬油 55 克

內餡材料
鹹蛋黃 10 顆、綠豆沙 440 克、金黃起司粉 10 克

裝飾
彩色巧克力米

作　法

01　製作內餡：先將鹹蛋黃進烤箱烤熟。

02　取出烤熟的鹹蛋黃，將其揉碎或用調理機絞碎，放入篩網過篩為鹹蛋黃泥。

03　鹹蛋黃泥加入起司粉、綠豆沙揉均勻，分割成每個 30 克的小團備用。

04　製作油皮：中筋麵粉以篩網過篩後放入攪拌缸。

05　攪拌缸中再放入糖粉、無水奶油、起司粉拌均勻，分次加入水調和，拌揉成油皮團，揉至光滑。

06　將油皮團覆蓋上保鮮膜靜置 20 分鐘，分成每個 15 克的小團。

07　製作油酥：油酥材料拌揉均勻成油酥團，分成每個 8 克的小團，共 20 團。

08 油皮分別包入油酥為油酥皮。

09 油酥皮以擀麵棍擀長，由上而下捲起，轉向再擀長，由上往下捲起。

10 將捲好的油酥皮切半，有切口紋路的油酥皮分別朝上、下相疊。

11 用手壓扁油酥皮，由中間向外擀開。

12 油皮包入內餡，收口捏緊，放入圓模中，有螺紋紋路面朝下，收口朝上，用手掌壓平填滿。

13 表面朝上，放上少許彩色巧克力米為裝飾，完成後放進烤盤。

14 進烤箱，以上火 150 度、下火 170 度烤 15 分鐘。

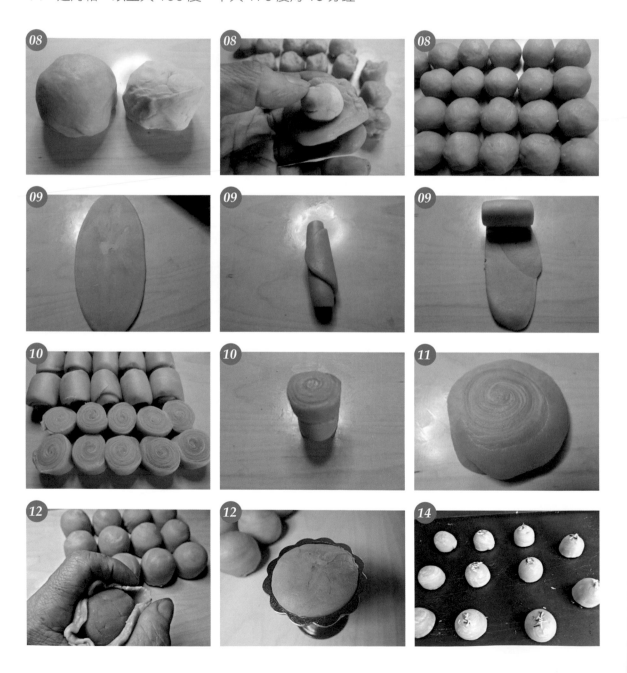

山東大餅

經過長時間發酵的大餅，變得柔軟 Q 彈又有酒香味及發酵香，更為可口。

每塊重 700 克（可切成 8 小塊），可製作 2 塊大餅
*此篇食譜為平底鍋版的材料、作法。

材　料

高筋麵粉 1000 克、酵母粉 16 克、水 560 克、糖粉 220 克、鹼水 16 克（鹼粉 3 克、清水 7 克混合稀釋，取上層清水，下層沉澱物不用）

作　法

01　取一容器，放入高筋麵粉、酵母粉、水混合拌勻為麵團，手揉至光滑，覆蓋上保鮮膜。

02　室溫下放置 6 小時後取出（室溫下放 6 小時會使麵團產生酸味，需加鹼水；如冷藏可不加，因無酸味）。

03　攪拌缸中加入麵團、糖粉、鹼水以慢速攪拌均勻。

04　取出攪拌完成的麵團，以橡皮刮刀分割成 2 團麵團，每團 900 克，放入容器中覆蓋上保鮮膜，發酵 20 分鐘。

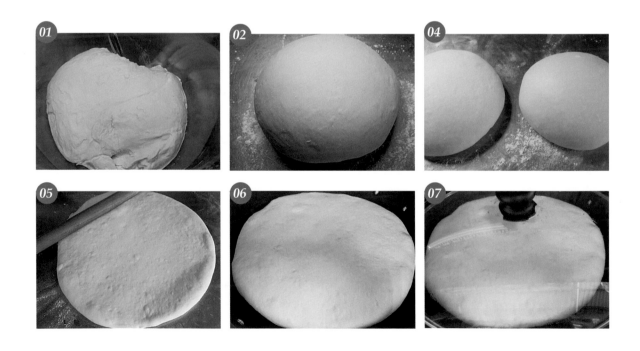

05　將發酵後的麵團稍微輕拍扁，以**擀麵棍擀**成圓皮（約直徑 30 公分，厚 1 公分）為大餅，室溫下靜置 20 分鐘（待厚度膨脹至 2 公分即可下鍋煎）。

06　平底鍋先以小火預熱，放入大餅，光滑面朝下煎至金黃翻面。

07　蓋上鍋蓋煎至熟（厚度約 3 公分），放冷後切成 8 塊。

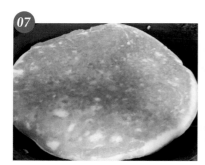

家用烤箱也可製作山東大餅

材料：高筋麵粉 750 克、酵母粉 10 克、鮮奶 480 克、特砂糖 150 克、奶粉 50 克

作法：

01 所有材料混合，放入攪拌缸中拌至光滑為麵團。

02 麵團放置 2 小時後取出，脫氣（用手將麵團壓出空氣）。

03 麵團分割成 2 團，各重約 700 克，放入容器中覆蓋上保鮮膜，再發酵 20 分鐘。

04 將分割好的麵團稍微拍扁，用**擀麵棍擀**成圓皮（約直徑 30 公分，厚 1 公分）為大餅。

05 將大餅放入烤盤，光滑面朝下靜置 40 分鐘。

06 烤箱以上火 160 度、下火 180 度預熱，放入大餅，烤 8 分鐘後翻面，再烤 7 分鐘至熟。

07 取出大餅放冷後切 8 塊，放入塑膠袋保存。

第二章 / 鬆糕

過年過節、祭拜神明必備的鬆糕由糕仔清、糕仔糖所製成，不僅是代表吉祥的食物，也是早期受人喜愛的糕點。其鬆軟綿密、入口即化，溫潤的口感令人好是滿足！

六色發財糕——芋頭鬆糕

別於一般的鬆糕，透過蒸的方式，可將鬆糕變得更加綿密Q潤。

每個 15 克，可製作 20 個

材　料

蓬萊米粉 120 克、糯米粉 80 克、糖粉 50 克、芋頭粉 3 克、水 70 克

作　法

01　蓬萊米粉、糯米粉、糖粉混合拌勻，以篩網過篩後倒入料理台上。

02　加入芋頭粉和水拌勻為濕粉。

03　濕粉以擀麵棍壓細，放入篩網過篩。

04　過篩後的濕粉需用手捏可成團即表示可以製作。

05　取模具填入濕粉，蓋上壓模，從模具兩旁輕輕提起，此時濕粉已成為糕仔。

06　將壓好的糕仔放入鋪有蒸籠紙的鐵盤。

07　糕仔表面蓋上二層白報紙以防滴水。

08　將水先煮滾後，轉小火放上糕仔，蓋上鍋蓋，以小火蒸 5 分鐘後取出放涼為芋頭鬆糕。

六色發財糕——草莓潤糕

呈現粉紅色的潤糕有股淡淡的草莓香氣，品嘗一口，溫潤
的口感令人喜愛！

每個 15 克，可製作 20 個

蓬萊米粉 80 克、糯米粉 120 克、糖粉 50 克、草莓粉 3 克、水 75 克

作　法

01　蓬萊米粉、糯米粉、糖粉混合拌勻，以篩網過篩後倒入料理台上。

02　加入草莓粉和水拌勻為濕粉。

03　濕粉以擀麵棍壓細，放入篩網過篩。

04　過篩後的濕粉需用手捏可成團即表示可以製作。

05　取模具填入濕粉，蓋上壓模，從模具兩旁輕輕提起，此時濕粉已成為糕仔。

06　將壓好的糕仔放入鋪有蒸籠紙的鐵盤。

07　糕仔表面蓋上二層白報紙以防滴水。

08　將水先煮滾後，轉小火放上糕仔，蓋上鍋蓋，以小火蒸 5 分鐘後取出放涼為草莓潤糕。

Tips

草莓潤糕與芋頭鬆糕的配方有些相似，只是將糯米粉與蓬萊米粉的比例對調，因為潤糕較 Q 所以糯米粉較多，且吸水量較大，因此製作時多了 5 克的水量。

六色發財糕──起司鹹糕

鹹糕中加入起司散發著一股濃濃中西合併的風味。

每個約 15 克，可製作 9 個

材　料

糕仔粉 50 克、糕仔糖 80 克（作法詳見 p.59）、金黃起司粉 3 克、米酒 7 克、鹽 2 克

作　法

01　糕仔粉以篩網過篩，倒入料理台上，中間挖空。

02　挖空處放入糕仔糖、鹽、起司、米酒，與糕仔粉一同拌勻為濕粉。

03　濕粉先以手搓散，再用擀麵棍擀細，放入篩網中過篩。

04　過篩後的濕粉需用手捏可成團即表示可以製作。

05　將篩過的濕粉填入印模中，壓實去掉多餘的糕粉。

06　倒扣脫模後即成。

Tips　起司粉加米酒調勻能使成品顏色能更加明顯。

六色發財糕──咖啡香糕

糕仔粉與咖啡粉的搭配別有一番風味。

每個約 15 克，可製作 9 個

材　料

糕仔粉 50 克、糕仔糖 80 克（作法詳見 p.59）、炭燒咖啡粉 3 克、米酒 7 克

作　法

01　炭燒咖啡粉與米酒調勻為咖啡米酒。

02　糕仔粉以篩網過篩，倒入料理台上，中間挖空。

03　挖空處放入糕仔糖、鹽、咖啡米酒，與糕仔粉一同拌勻為濕粉。

04　濕粉先以手搓散，再用擀麵棍擀細，放入篩網中過篩。

05　過篩後的濕粉需用手捏可成團即表示可以製作。

06　將篩過的濕粉填入印模中，壓實去掉多餘的糕粉。

07　倒扣脫模後即成。

Tips　製作此道香糕時，咖啡粉不能多加，會產生苦味。

六色發財糕——抹茶涼糕

茶香加上沁涼薄荷味的涼糕很適合在夏天品嘗，也是茶餘飯後的好點心。

每個約 15 克，可製作 9 個

材　料

糕仔粉 50 克、糕仔糖 80 克（作法詳見 p.59）、抹茶粉 4 克、米酒 6 克、
薄荷玉 2 克（各大中、西藥局均有販售）

作　法

01　糕仔粉以篩網過篩，倒入料理台上，中間挖空。

02　挖空處放入糕仔糖、薄荷玉（用小刀刮出細粉）、抹茶米酒（抹茶粉與米酒調勻），與
　　糕仔粉一同拌勻為濕粉。

03　濕粉先以手搓散，再用擀麵棍擀細，放入篩網中過篩。

04　過篩後的濕粉需用手捏可成團即表示可以製作。

05　將篩過的濕粉填入印模中，壓實去掉多餘的糕粉。

06　倒扣脫模後即成。

Tips　薄荷玉早期是以綠
茶葉加薄荷葉搗汁
混合。

45

六色發財糕——原味甜糕

發財糕為早年極具喜氣的吉祥點心之一，有著「糕中狀元」之寓意。

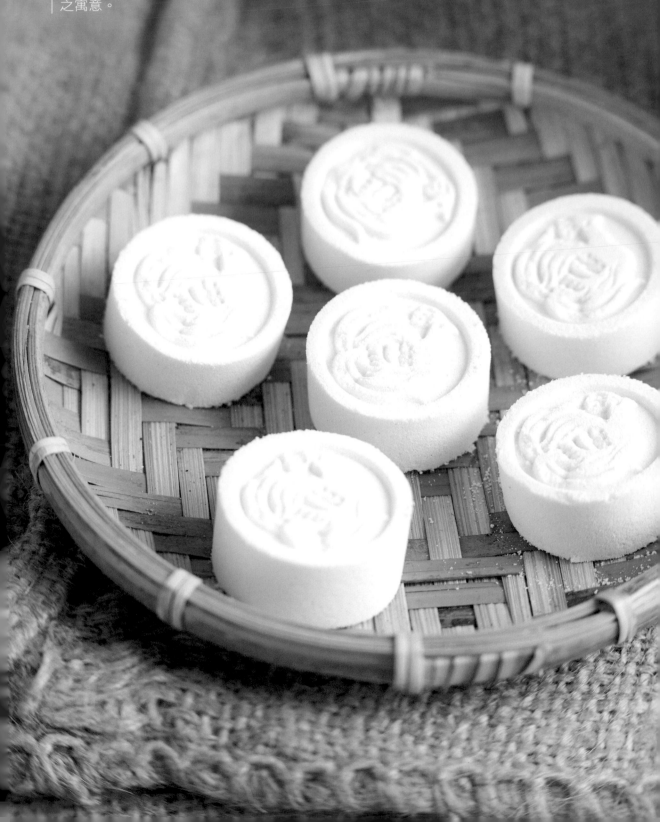

每個約 15 克，可製作 8 個

材　料

糕仔粉 50 克、糕仔糖 80 克（作法詳見 p.59）、鹽 2 克

作　法

01　糕仔粉以篩網過篩，倒入料理台上，中間挖空。

02　挖空處放入糕仔糖、鹽，與糕仔粉一同拌勻為濕粉。

03　濕粉先以手搓散，再用擀麵棍擀細，放入篩網中過篩。

04　過篩後的濕粉需用手捏可成團即表示可以製作。

05　將篩過的濕粉填入印模中，以手輕壓平，去掉多餘的糕粉。

06　倒扣脫模後即成。

核桃貴片糕

慢工出細活有如湘繡般的細膩，如紙般的薄片
因此被稱為貴片糕。

每盤約 10×17 公分，可製作 2 盤 。

材　料

糕仔糖 450 克（作法詳見 p.59）、糕仔粉 250 克、核桃 50 克

作　法

01　核桃入烤箱烤熟，放冷備用。

02　糕仔粉先過篩，放上糕仔糖，用手將糕仔糖與糕仔粉搓揉均勻。

03　再以擀麵棍擀開，以篩網過篩後為濕粉。

04　濕粉如能握於手中成團表示可以製作。

05　10×17 公分的鐵盤底部及四周先鋪上蒸籠紙，濕粉倒入鐵盤一半的量，並使盤中的粉量均勻。

06　鋪上烤熟的核桃，上面再鋪滿一層濕粉，表面以塑膠袋抹光。

07　放入蒸籠，表面蓋上兩層白報紙以防滴水，以小火蒸 7 分鐘為核桃貴片糕。

08　取出後放於室溫下冷卻，以刀切成 0.1 公分的薄片。

長年糕

菠菜又稱長年菜，象徵長命百歲，而長年糕由菠菜搗汁製做而成，寓意全家健康活到老。

每個約 10 克，可製作約 13 個

材　料

糕仔粉 50 克、糕仔糖 80 克（作法詳見 p.59）、菠菜汁 10 克、鹽 1 克

作　法

01　菠菜搗成汁備用。

02　糕仔粉以細篩網過篩後倒於料理台上。

03　粉末中間挖空，加入糕仔糖、菠菜汁以手拌均勻為糕糖。

04　取擀麵棍將糕糖擀開，用手將糕糖與粉末拌均勻至可捏成團的狀態為糕粉。

05　糕粉放入細篩網中過篩。

06　過篩後的糕粉填入印模中，以手輕壓平去掉多餘的糕粉。

07　倒扣出模型成品即完成。

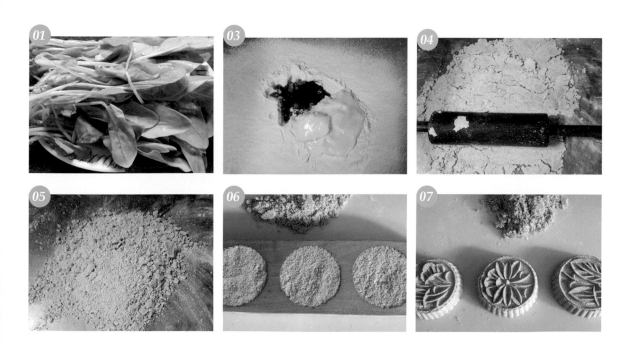

碗仔糕

碗仔糕又名缽仔糕，嘴饞時來上一塊，米香與
紅豆香撲鼻而來，真是令人懷念的好味道！

每碗約 100 克，可製作 8 碗

材 料

蕃薯粉 20 克、在來米粉 120 克、二砂糖 120 克、水 630 克、紅豆 30 克

作 法

01　紅豆洗淨以水浸泡 4 小時，濾乾水分。

02　鍋中放入紅豆、水 100 克，煮至紅豆軟化（用手捏可碎）且有明顯顆粒即可。

03　將蕃薯粉、在來米粉混合均勻後過篩，放入碗中，加入水 170 克攪拌成粉漿。

04　另取一鍋，倒入二砂糖、水 360 克煮滾，趁熱沖入粉漿中。

05　缽仔（瓷碗）放入蒸籠中，先蒸熱（約 3 分鐘）。

06　粉漿倒入缽中約 8 分滿，並在每碗上面放上些許紅豆。

07　以大火蒸 30 分鐘，用牙籤插入測試熟度，如不黏即可取出。

[　**碗仔糕由來**　]

相傳四百年前台灣的祖先都是從大陸沿海移民而來，那時有個廣東佬（早期的稱呼）將在來米磨成粉，又用蕃薯磨成漿，以水沉澱後取其漿，曬乾後磨成粉，兩者調配後，加入紅豆與砂糖，放入碗中蒸熟，竟成一道爽口的點心。有人問他這是什麼糕？他一時也無法回答，就說這是用碗蒸的糕，就叫「碗仔糕」，後來延伸出有趣的俗語──這是什麼碗糕？（意指請教對方這是什麼東西？）

伏苓糕

甜味清淡、口感鬆綿，以蓬萊米粉製成的細緻糕點，健康清爽無負擔！

每盤約 20×30×5 公分，可製作 1 盤。

材 料

伏苓粉 250 克、蓬萊米粉 600 克、糯米粉 300 克、糖粉 200 克、水 430 克、紅豆沙 600 克

作 法

01 茯苓粉、蓬萊米粉、糯米粉、糖粉混合均勻後以篩網過篩。

02 過篩的粉末放入大鋼盆中，加入水拌均勻成濕粉狀。

03 濕粉用手撥鬆，再用手掌撥散至完全鬆開。

04 以細篩網過篩兩次（過篩時，以雙手輕輕搖過，不要用手壓，會使濕粉粗糙），濕粉狀
態需為用手捏可成團。

05 取一長30×寬20×高5公分的長方型鐵盤，四周及底部鋪上一層白報紙。

06 將濕粉鋪入鐵盤中（只鋪鐵盤的一半）；放入紅豆沙，以塑膠袋壓扁至鐵盤大小。

07 上面再平鋪一層剩餘的濕粉，在表面劃幾刀（以利蒸熟，及冷卻後好切割）。

 Tips　1.蒸伏苓糕時不能蒸過久，否則成品會萎縮，放涼後會變硬。
2.在表面上劃刀紋讓其透氣，較易熟透且涼後好切割（因為冷卻後有韌性不好切，只
能照所劃的紋路切）。

08 放入蒸籠中,表面覆蓋三層白報紙以防滴水。

09 先以中火蒸 5 分鐘,後轉小火蒸 40 分鐘,待用竹籤插入,如不黏籤即表示熟透為伏苓糕,可熄火。

10 伏苓糕取出放涼,先用一塊板倒扣,撕掉四周及底部白報紙,翻面後照原先用刀劃的痕跡切割。

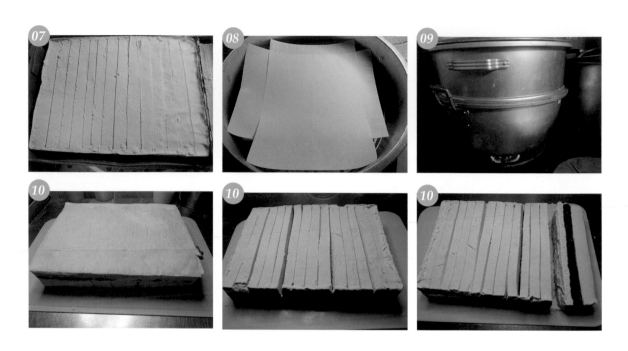

自製紅豆沙

材料:紅豆 600 克、砂糖 200 克

作法:

01 紅豆洗淨泡水 4 小時。　02 濾掉水分,加入水 600 克。　03 放入電鍋中,外鍋倒入水 1200 克,按下開關煮紅豆。(當電鍋跳起時,如還不熟可加水 600 克再煮一次)

04 用手捏測試,如紅豆被捏碎即可取出。　05 煮熟的紅豆放入鍋中,加入糖 200 克。

06 當糖融化後煮至收汁即熄火,放涼後為紅豆沙。

[伏苓糕的由來]

傳說清朝慈禧太后很喜歡嘗美食,年老時患了心口疾病,連御醫也束手無策,有人建議她到法海寺找老方丈,老方丈知道那是富貴病,所以沒給藥方,只給她親手做的伏苓糕,想不到太后吃了不但心口疼痛減少而且頭髮也慢慢變黑,它的奇特效力曾經口耳相傳一時。

傳統綠豆糕

鬆軟綿密的綠豆糕，一口咬下，綠豆香氣充滿
齒間，甜而不膩真是爽口。

📏 每個 15 克，可製作 30 個

材 料

糕仔粉 80 克、綠豆粉 160 克、麻油 30 克、糕仔糖 200 克

作 法

01　先將糕仔粉、綠豆粉過篩，混合拌勻倒至料理台上。

02　粉末的中間挖空，放入糕仔糖一起以手拌均勻。

03　再倒入麻油拌勻至用手可捏可成團的狀態為糕粉。

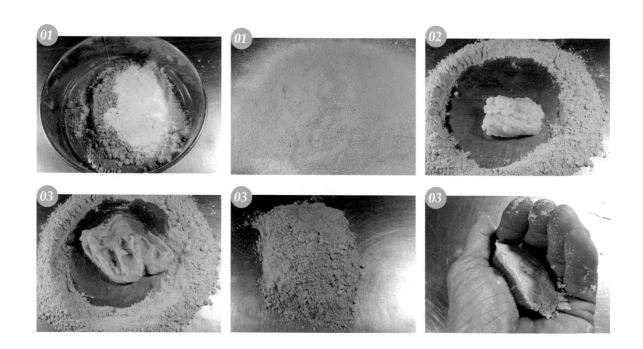

04 將糕粉倒入篩網中過篩。

05 過篩完的糕粉填入模型中，壓緊去除掉多餘的糕粉。

06 倒扣出模型成品，重複上述作法至材料做完。

Tips 如無法購得糕仔粉，可自己動手做：糯米粉放入電鍋中蒸熟（蒸約 15 分鐘）表面呈濕粉狀，用手捏略可成團趁熱過篩即成。

製作糕仔糖

材料：特砂糖 1800 克、水 450 克

作法：

01 特砂糖、水放入鍋中拌勻，開大火煮沸，鍋中出現大泡泡後轉中火，鍋邊需用刷子輕刷以防糖反砂，過程中糖漿的泡泡會逐漸變小且逐漸濃稠。

02 糖漿溫度達指針型溫度計 98 度（數位式溫度計 114 度）即熄火；或把糖漿滴入水中，當糖漿變成水軟式的糖塊，形似棉花即熄火，靜置 30 分鐘至表面結凍。

03 在糖漿表面噴水，用鍋鏟輕撥會出現波紋，此時糖漿已成水麥芽狀，趁熱用鍋鏟由中間開始攪動。

04 糖漿顏色由黃變白後，要繼續攪動到完全變白、變軟才能停止，否則會變硬塊。

05 待糖冷卻，放入容器使其自然發酵即可（以前自然發酵需約 5 年，現在因天氣炎熱，只需 3 年就能完成）。

第三章

酥餅

製作酥餅最重要的關鍵就在於油酥與油皮的搭配，完美的混合比例才可烘焙出外皮酥香、內餡厚實、口感豐富的酥餅。不論是甜而不膩的奶油酥餅，有著百年歷史的繼光餅、香妃酥等，品嚐一口令人回味無窮。

薑酥餅

養生與補充體力兼具的酥餅，外皮香脆卻入口即化，是一道元氣滿滿的糕餅。

每個約 750 克，可製作 4 個

材　料

中筋麵粉 1200 克、馬鈴薯粉 600 克、特砂糖 250 克、雞蛋 6 個、酵母粉 3 克、薑黃 20 克、水 400 克、無水奶油 150 克

作　法

01　攪拌缸中放入所有材料拌勻後轉中速繼續攪拌成麵團，拌至麵團光滑不黏缸。

02　取出麵團覆蓋上塑膠袋，靜置 40 分鐘。

03　靜置後的麵團分割成 4 團，分別用擀麵棍擀薄成麵皮。

04　取一片麵皮披於料理台上，切成兩段再擀薄。

05　取 4 公分寬的板子，將麵皮裁成同寬度，去掉四周多餘的麵皮。

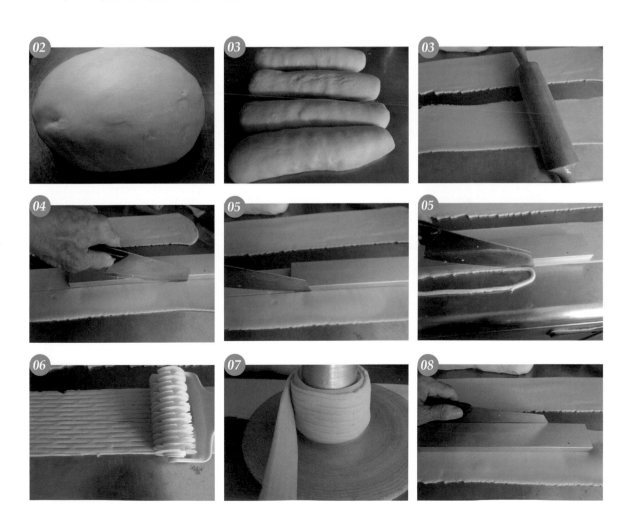

06 用滾輪刀在麵皮上劃直刀，每刀間距約 0.2 公分。

07 劃上直刀的麵皮置於 8 吋中空蛋糕盤中繞圈。

08 取另一片麵皮，重覆作法 05、06 劃刀，接續繞圈，直至底部繞完後，麵皮放入蛋糕模中。

09 進烤箱以上下火各 150 度烤 50 分鐘，關火後悶 10 分鐘即為薑酥餅。

10 取出薑酥餅，脫模後放至冷卻。

Tips 這道餅當初師父製作時加入燒明樊、重曹（蘇打粉）、泡打粉等食品添加物，為了養生與健康，我把所有的添加物通通去掉，改以少許的酵母粉替代，取代添加物所呈現的膨鬆感。

[薑酥餅的典故]

早期因為交通不便路途遙遠，無論趕集或趕屍都需千里跋涉，因此薑酥餅特別加了薑黃，其不但促進膽汁分泌，預防和改善肝臟疾病，增加胃液及唾液的分泌，提高心臟功能使行進中不覺勞累；減少血液中膽固醇及多餘脂肪，預防高血壓及動脈硬化，具有殺菌、抗菌作用，提高身體的抵抗力。

而餅內中空是利於烤熟及懸掛，因為餅的面積大，烘烤不易所以中間架空以利透氣烤熟也利於懸掛。而餅大攜帶不易，所以穿孔好吊在馬背上，方便連夜趕路。為了方便取食，費工做成多層，飢餓時用手一扒就可卸下一層不必動刀。

干貝餅

日治時代留下的點心，有著香Q的口感及美麗
的外觀，狀似干貝而被稱為干貝餅。

每條約長 20 公分、直徑 4 公分（可切 0.5 公分厚片，共 80 片），可製作 2 條。

糯米粉 160 克、綠豆粉 40 克、溫水 160 克、特砂糖 80 克、太白粉適量（沾面用）

作　法

01　糯米粉、綠豆粉混合後以篩網過篩為綠豆糯米粉。

02　取一鋼盆放入綠豆糯米粉，加入溫水拌勻揉成耳垂般軟硬度的粉團。

03　粉團分成 5 塊放入蒸籠內，用大火蒸 15 分鐘，取出後趁熱揉成麵團。

04　將麵團分成小塊麵團，再放入蒸籠蒸 20 分鐘。

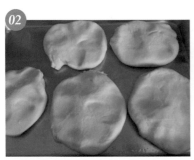

05　取出麵團放入攪拌缸中，趁熱分次加入砂糖攪拌均勻。

06　攪拌完將麵團倒入鋪有太白粉的料理台上。

07　以竹簾捲成直徑約 4 公分的圓柱狀，放入冰箱冷凍 20 分鐘。

08　待涼後取出麵團，切成 0.5 公分厚的薄片。

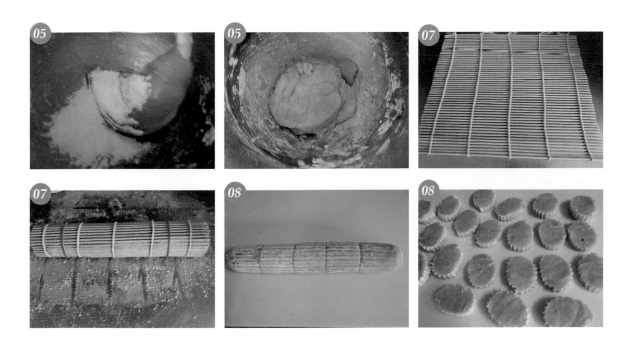

Tips　作法 06 麵團放置鋪有太白粉的桌上後，也可用擀麵棍擀成 1 公分厚的麵皮，再用有齒印的圓模印出鋸齒圓形。

芝麻一口酥

芝麻一口酥是小時候最喜歡的零嘴之一，
含在嘴裡芝麻香味滿溢。

每個 8 克，可製作 38 個

材　料

低筋麵粉 150 克、糖粉 70 克、無水奶油 60 克、奶水 20 克、芝麻粉 15 克、黑芝麻少許、蛋液適量

作　法

01　容器中放入糖粉、無水奶油先拌均勻，再倒入奶水繼續拌勻。

02　加入芝麻粉、低筋麵粉拌成麵團。

03　麵團放於料理台上，取擀麵棍擀成長方形麵皮，厚度約 2 公分。

04　用圓孔模具印於麵皮上為圓型麵團。

05　將圓型麵團排入烤盤中，表面塗上蛋液，撒上黑芝麻。

06　放入烤箱，先以上火 200 度、下火 180 度預熱，待溫度至 200 度時放入芝麻麵團烤 8 分鐘，烤至表面呈金黃色即可取出。

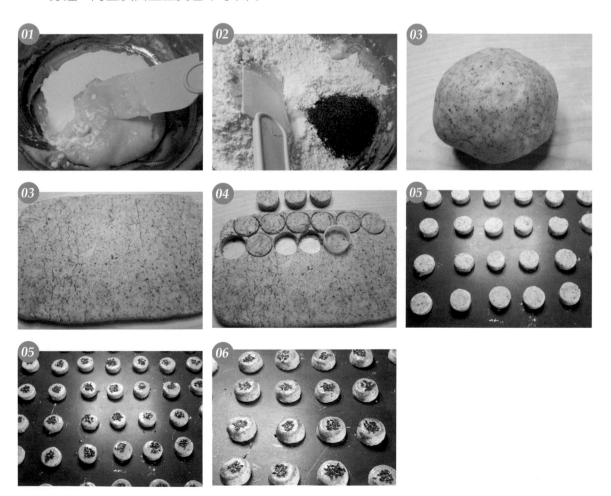

香妃酥

相傳原名為貴妃酥（唐朝楊貴妃的最愛），後
因內餡材料不同而改名為香妃酥。

每個約 50 克（皮 15 克、酥 5 克、餡 30 克），可製作 20 個

材　料

油皮
中筋麵粉 170 克、糖粉 10 克、無水奶油 65 克、水 65 克
油酥
低筋麵粉 70 克、豬油 35 克
內餡
糖粉 150 克、無水奶油 125 克、奶粉 50 克、椰子粉 100 克、馬鈴薯粉 175 克

作　法

01　製作內餡：糖粉、無水奶油放入攪拌缸中打發，加入椰子粉、馬鈴薯粉、奶粉攪拌均勻為內餡團。

02　將內餡團分割成小團，每團約 30 克備用。

03　製作油皮：中筋麵粉過篩後倒至料理台上，麵粉中間挖空，放入糖粉、無水奶油拌勻。

04　拌勻後分次加入水調和，從旁撥入中筋麵粉拌揉成麵團。

05　麵團揉至光滑，覆蓋上保鮮膜靜置 20 分鐘，再分割成小團，每團約 15 克。

06　製作油酥：油酥材料拌勻成團，分成 20 個小團，每團約 5 克。

07　油皮分別包入油酥為油酥皮。

08　油酥皮以擀麵棍擀長，由上而下捲起，轉向再擀長，由上往下捲起。

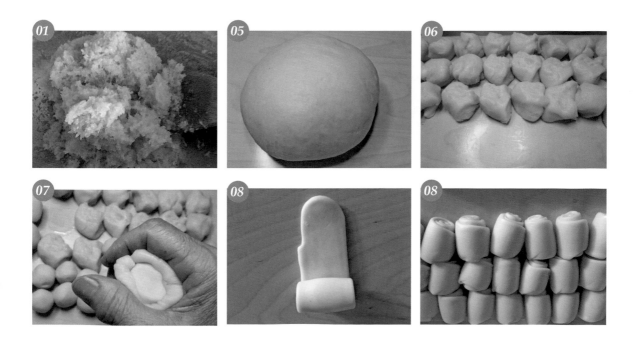

09　捲好的油酥皮用手輕壓扁由中間向外擀開，包入內餡並將收口捏緊。

10　捏緊後搓成橢圓體，由中間向兩端擀開，翻面收口朝上，用手摺成三摺。

11　表面朝上刷上水，沾上椰子粉，排入烤盤。

12　進烤箱，以上火 170 度、下火 150 度烤 15 分鐘。

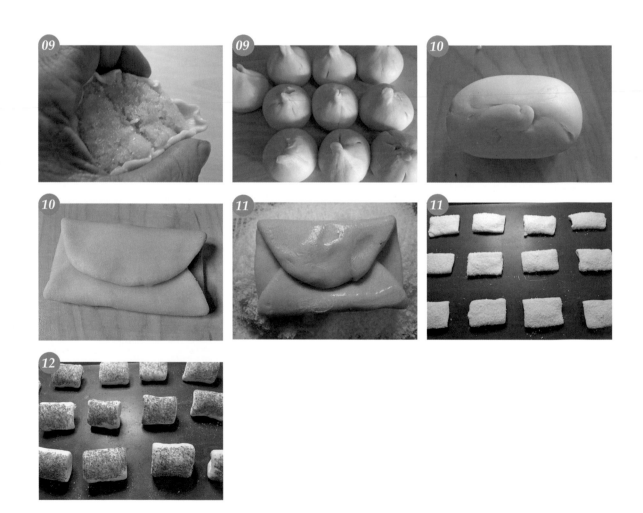

杏仁酥餅

類似桃酥口感的杏仁酥餅，在台灣、香港、澳門
各有不同作法，在此詳述港、澳的製作方法。

每個 35 克，可製作 38 個

糖粉 200 克、豬油 300 克、雞蛋 50 克 (約 1 個)、杏仁（南杏）100 克、腰果 80 克、低筋麵粉 600 克

作 法

01 杏仁、腰果先入烤箱烤熟（以上下火各 170 度烤 15 分鐘），待冷卻後放入調理機攪碎。

02 攪拌缸中放入糖粉、豬油（球型狀）攪拌打發呈白色狀。

03 加入雞蛋，將攪拌機轉為 3 檔繼續拌打至鮮奶油狀。

04 加入攪碎的杏仁、腰果，以慢速拌打均勻。

05 倒入低筋麵粉拌勻呈濕粉狀（手捏可成團），倒於桌面上搓揉均勻為杏仁麵團。

06 取出印模，填上杏仁麵團，壓平，再去掉多餘的麵團倒扣入烤盤中。

07 放入烤箱，以上火下火各 180 度，烤 15 分鐘，待杏仁酥餅呈焦糖色即可取出。

 此道杏仁酥餅材料中去掉所有食品添加物，如氨粉、小蘇打粉、泡打粉等，以健康原料呈現出它的風味，也因此製作時必須將材料徹底打發，才能確保成品酥、鬆、脆。

繼光餅

品嘗一口，愈嚼愈有勁，麵香與芝麻香氣在嘴中
肆意飄散。

每個約 70 克，可製作約 15 個

材 料

中筋麵粉 600 克、特砂糖 140 克、水 280 克、乾酵母 8 克、鹽 6 克、無水奶油 60 克
沾面：白芝麻適量、全蛋 1 個

作 法

01　所有材料放入攪拌缸中攪拌均勻為麵團。
02　麵團倒在料理台上，以手揉至麵團光滑不黏手。
03　將麵團覆蓋上保鮮膜靜置 30 分鐘。
04　取出麵團用手輕拍扁，以擀麵棍擀成麵皮，約1.2公分厚度。
05　用甜甜圈壓模於麵皮上壓出中空圓型。
06　剩餘的麵皮再揉成團，分割成每個 70 克的麵團。
07　麵團搓揉成圓球，再搓成長條狀，繞一個圓圈成中空型。
08　完成後，將麵團鬆弛 20 分鐘，放上烤盤，表面塗上蛋液，沾上白芝麻。
09　放入烤箱，以上火 180 度、下火 150 度，烤 15 分鐘。

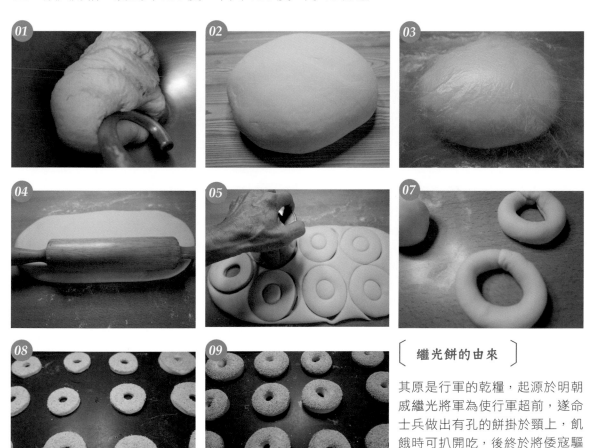

繼光餅的由來

其原是行軍的乾糧，起源於明朝戚繼光將軍為使行軍超前，遂命士兵做出有孔的餅掛於頸上，飢餓時可扒開吃，後終於將倭寇驅逐，人民為感念他將餅命名為繼光餅。

豆渣餅

懷念的媽媽味，利用美援物資及豆渣做成的可口點心。

每個 50 克，可製作 16 個

材　料

黑糖蜜100克（黑糖70克、蜂蜜30克）、水50克、阿羅利奶油70克、奶粉50克、雞蛋50克（約1個）、豆渣200克、低筋麵粉300克

作　法

01　製作黑糖蜜：將黑糖與蜂蜜倒入鍋中，開小火煮至黑糖融化，熄火放涼備用。

02　攪拌缸中放入奶粉、阿羅利奶油、豆渣攪拌均勻，倒入黑糖蜜拌勻。

03　加入雞蛋、水，最後加入低筋麵粉攪拌成團為豆渣麵團。

04　取出豆渣麵團放至料理台上，以擀麵棍擀成厚度 0.7 公分。

05 以直徑 3 公分的圓模印出圓餅,中間再以 1 公分的圓孔稍微壓印出圓形。

06 排入烤盤,放入烤箱,以上火 180 度、下火 150 度,烤 12 分鐘。

[豆渣餅的由來]

小時侯家境清寒被列為貧民戶,總有一些美援物資可領,老母親為了不浪費食物,常利用這些食材製作出不同的點心,豆渣餅即是她自創的拿手糕餅之一。利用討來的豆渣加上那時常發放的物資(阿羅利奶油、奶粉、低筋麵粉、沙拉油)就成為童年時期最美味的點心。

鄉村（香椿）小餅

一道以香椿入餡，與人分享的糕餅，讓人吃進嘴裡，甜在心底。

🥢 每個 45 克（油皮 10 克、油酥 5 克、內餡 30 克），可製作 70 個

材　料

油皮
中筋麵粉 360 克、花生油 135 克、糖粉 70 克、水 135 克

油酥
低筋麵粉 240 克、花生油 120 克

內餡
綠豆仁 600 克、水 450 克、花生油 150 克、特砂糖 200 克、素肉燥（市售）300 克、熟白芝麻 80 克、香椿 80 克、咖哩粉 20 克

作　法

01　製作內餡：綠豆仁洗淨，泡水 1 小時，待膨脹後濾乾水分，放入電鍋中，外鍋加水 450 克煮熟，手指可捏碎綠豆仁即熟（綠豆仁泡水蒸熟後會增加重量）。

02　將煮熟的綠豆仁趁熱以粗網過篩，再放入鍋中先焙乾為綠豆沙。

03　取一半的綠豆沙加入特砂糖攪拌均勻至糖融化，加入花生油續拌至略為收汁。

04　放入剩餘的綠豆沙拌成綠豆餡，放入盤中，表面塗上花生油以防風乾。

05　取一只炒鍋，放入少許花生油熱鍋，加入切碎的香椿炒香，放入素肉燥、熟白芝麻、咖哩粉拌炒均勻。

06　炒鍋中再倒入綠豆餡再次拌炒均勻為內餡。

07　取出內餡，於室溫下放至冷卻，分割成 70 個（每個約 30 克）內餡。

08　製作外皮：先將中筋麵粉過篩，將麵粉中間挖空，放入糖粉、豬油拌均勻，分次加入水調和，從旁撥入麵粉拌成團為油皮。

09　油酥材料拌勻成團，分成 35 個小團（每團約 10 克）。

10　油皮分成 35 個小團（每團約 20 克），分別包入油酥為油酥皮。

11　以擀麵棍將油酥皮擀長，疊成三摺再擀長，由上往下捲起，再從中間切半分成 2 個。

12　將每個切半的油酥皮以擀麵棍擀圓，分別包入內餡，用手壓扁，蓋上紅印章。

13　紅印章面朝下，放入烤盤，進烤箱以上火 150 度、下火 180 度烤 15 分鐘。

14　取出烤盤，將餅翻面，表面塗上蛋黃液再烤 5 分鐘後取出。

［鄉村（香椿）小餅的由來］

從前有戶長年吃齋的農家，因庭院長滿香椿苦無去處，逐自研發了這道小餅分享鄉里，取名香椿小餅，後來也逐漸被修改成各自喜歡的口味，而成了鄉村小餅。

竹塹餅

這道百年前由新竹城隍廟崛起的糕餅，油亮的外皮搭配香脆的口感，至今仍廣受遊客喜愛。

每塊 90 克（皮 30 克、餡 60 克），可製作 12 塊

材　料

表皮
中筋麵粉 200 克、豬油 60 克、糖粉 50 克、全蛋 1 個

內餡
白肉 150 克、冬瓜條 150 克、糖粉 30 克、豬油 60 克、麥芽 40 克、熟粉 100 克、奶粉 50 克、全蛋 1 個、白芝麻 30 克、油蔥酥 20 克

擦面蛋液
蛋黃 2 個、醬油 5 克、水 2 克

沾底芝麻
熟白芝麻適量

作　法

01　製作表皮：取一容器放入表皮材料，混合均勻成麵團，取出麵團分割成塊，每塊約 30 克。

02　製作內餡：白肉切丁與糖粉拌均勻。

03　冬瓜條切丁，泡水約 1 分鐘，使其減少糖分。

04　取另一容器放入內餡材料混合拌均勻成團為內餡，取出內餡分割成塊，每塊約 60 克。

05　模型底部撒上些許白芝麻備用。

06　取一表皮用手輕壓扁，包入內餡，收口朝下，底面沾水放入模型中壓扁為竹塹餅。

07　取出竹塹餅放進烤盤，沾有芝麻的表面朝下，另一面朝上，塗上蛋液。

08　放進烤箱，以上火 170 度、下火 180 度，烤 20 分鐘，烤至餅皮邊緣酥硬即可。

奶油酥餅

皮酥餡軟，甜而不膩的奶油酥餅非常受到大人小孩喜愛。

每個 60 克（油皮 35 克、油酥 10 克、內餡 15 克），可製作 20 個

材　料

油皮
中筋麵粉 400 克、無水奶油 120 克、沸水 120 克、冷水 60 克

油酥
低筋麵粉 140 克、無水奶油 60 克

餡料
熟粉 150 克、糕仔糖 90 克（作法詳見 p.59）、無水奶油 50 克、雞蛋 1 個

作　法

01　製作油酥：低筋麵粉放入電鍋蒸熟，趁熱過篩。

02　過篩後的低筋麵粉與無水奶油攪拌均勻為油酥，分割成小塊，每塊約 10 克備用。

03　製作油皮：攪拌缸中放入中筋麵粉及無水奶油拌勻後，沖入沸水略為攪拌均勻，再加入冷水先以慢速攪拌混合，再轉至中速拌至光滑為油皮麵團。

04　取出油皮團，放於室溫下靜置 20 分鐘，分割成小塊，每塊約 35 克備用。

05 製作餡料：糕仔糖放入攪拌缸中，加入無水奶油拌勻，再放入全蛋以慢速拌勻，加入熟粉繼續拌勻，為內餡。

06 取出內餡，放於室溫下靜置 20 分鐘，分割成小塊，每塊約 15 克。

07 取一塊油皮包入油酥稍微壓扁，取擀麵棍擀成長條狀，由上而下捲起，再次擀成長條狀，由上而下捲起。

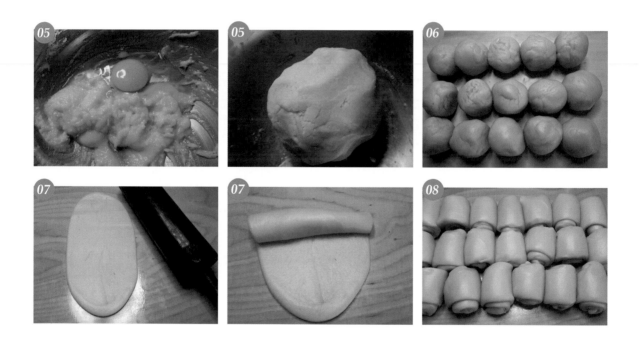

08　捲起後，擀成圓形，包入內餡，再擀成直徑 12 公分厚、3 公分的圓形為奶油酥餅麵團。

09　將酥餅麵團排入烤盤，表面戳洞以防膨脹。

10　烤箱以上火 170 度、下火 150 烤約 10 分鐘，待餅表面凸起後翻面再烘烤 5 分鐘，即完成。

Tips　1. 皮與餡的軟硬度定要一致才容易製作，軟硬度約同於鳳梨酥的程度。
　　　2. 本配方以滾水製作，可使表皮不易掉滿地。

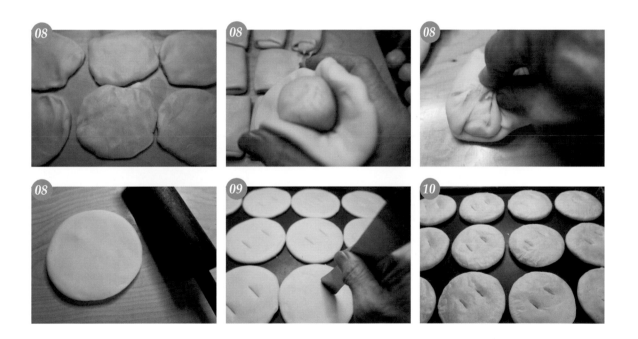

〔 **奶油酥餅製法的演變** 〕

早期的奶油酥餅是用豬油及糕仔糖製作，但是有些到台中大甲鎮瀾宮進香的香客吃素，所以無法食用以豬油做的酥餅，因此逐漸改良成以奶油製作，讓吃素者也能品嘗美味。

紅豆小餅

曾經風靡一時的紅豆小餅是四〇、五〇年代時
最常吃的零嘴，物廉價美，極受人喜愛。

🧋 每個 18 克，可製作 24 個

材　料

糖清仔 80 克、麥芽 30 克、奶水 20 克、低筋麵粉 150 克、紅豆餡 160 克

作　法

01　鋼盆中倒入糖清仔和麥芽攪拌均勻，再加入奶水攪拌，放入低筋麵粉續拌成麵團。

02　取出麵團後，用擀麵棍擀成長方形（厚度約 5 公分）為麵皮。

03　將紅豆餡搓揉長條狀與麵皮同長，為紅豆條。

04　紅豆條放於麵皮上，包覆於麵皮中，再滾圓搓成長條狀為紅豆餅麵團。

05　紅豆餅麵團用刀切成約 1.5 公分寬的塊狀。

06　切好的紅豆餅麵團排入烤盤中，表面塗上蛋液。

07　放入烤箱，以上火 200 度、下火 180 度，烤 8 分鐘，至表面金黃即可取出。

脆皮泡芙（家庭版）

由克林姆（日語）變化而來的脆皮泡芙盛行於一九七〇年代，傳承至今，內餡以鮮奶油代替，表面則多了一層脆皮。

每個約 75 克（外皮 20 克、脆皮 20 克、內餡 35 克），可製作 24 個

材　料

泡芙外皮

水 100 克、牛奶 100 克、豬油 150 克、雞蛋 5 個、高筋麵粉 50 克、低筋麵粉 100 克

內餡

特砂糖 55 克、低筋麵粉 15 克、玉米粉 15 克、雞蛋 1 個、奶油 20 克、牛奶 200 克、鮮奶油 500 克

脆皮

無鹽奶油 200 克、糖粉 100 克、低筋麵粉 230 克

作　法

01　製作脆皮：將脆皮材料混合拌成團，搓成直徑 6 公分的圓柱體，放入冷凍庫冷凍，使其變硬。

02　製作泡芙外皮：鍋中倒入牛奶、豬油、水，開大火煮沸至牛奶冒出大泡泡。

03　轉小火加入已過篩的高筋麵粉、低筋麵粉攪拌均勻熄火為麵團。

04　取出麵團放入攪拌缸中，先以慢速攪拌，再慢慢加入雞蛋拌打成濃稠狀的麵糊。

05　取出麵糊，填入裝有圓嘴大孔的擠花袋中。

06　麵糊擠入烤盤中，擠約 50 元銅板大小。

Tips　作法 04 中打好的麵糊若太硬，可再加入一兩顆雞蛋拌打呈剛攪拌完成的卡士達奶油餡狀。雞蛋的使用量並無限定為 5 個，應視麵糊軟硬度增減雞蛋量。

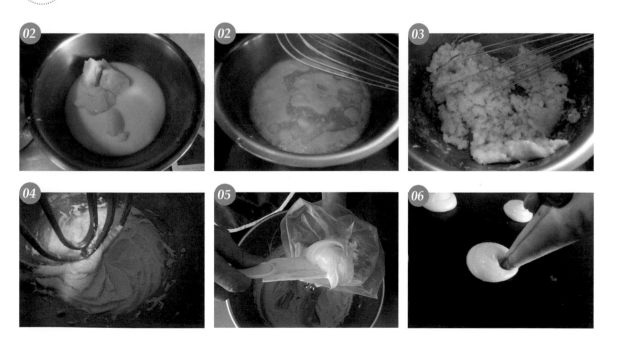

07 取出冷凍脆皮，切成 0.5 公分厚片貼於麵糊上。

08 進烤箱，以上火 170 度、下火 160 度，烤 27 分鐘，完成為泡芙外皮。

09 製作內餡：低筋麵粉、玉米粉過篩後放入鍋中，加入奶油、特砂糖、雞蛋拌勻，倒入牛奶續拌成湯狀。

10 另取一大鍋放入 1/4 的水煮滾，將作法 09 中拌成湯狀的小鍋放在水滾的大鍋上，以隔水加熱方式煮至濃稠為克林姆餡，待冷備用。

11 攪拌缸中放入鮮奶油以快速拌打至中性發泡。

12 挖些許發泡的鮮奶油與克林姆餡拌勻，再倒回剩餘的發泡鮮奶油裡攪拌均勻，為卡士達奶油餡。

13 組合：取出烘烤完成的泡芙外皮，待冷後從側面中間切半（勿切斷） 填入內餡，或擠入鮮奶油餡（鮮奶油餡需先填入裝有特製花嘴的擠花袋中）。

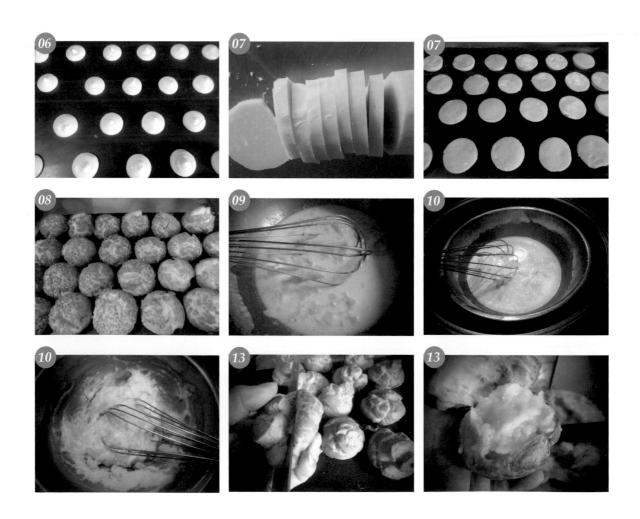

脆皮泡芙（營業版）

材　料

泡芙外皮
水 200 克、牛奶 200 克、無水奶油 300 克、雞蛋 12 個、高筋麵粉 100 克、低筋麵粉 200 克、無鋁泡打粉 6 克

內餡
特砂糖 115 克、低筋麵粉 30 克、玉米粉 30 克、雞蛋 1 個、奶油 40 克、牛奶 450 克、鮮奶油 1000 克

脆皮
無鹽奶油 400 克、糖粉 200 克、低筋麵粉 460 克

作　法

01　製作脆皮：將脆皮材料混合拌成團，搓成直徑 6 公分的圓柱體，放入冰庫冷凍，使其變硬。（也可使用擀麵棍擀成 0.5 公分的薄皮，再用直徑 6 公分圓形模印出圓餅，放入冰庫冷凍）

02　製作泡芙外皮：鍋中倒入牛奶、無水奶油、水，開大火煮沸至牛奶冒出大泡泡。

03　轉小火加入已過篩的高筋麵粉、低筋麵粉、無鋁泡打粉攪拌均勻熄火為麵團。

04　取出麵團放入攪拌缸中，先以慢速攪拌，再慢慢加入雞蛋以快速續拌打 10 分鐘成濃稠狀的麵糊。

05　取出麵糊，填入裝有圓嘴大孔的擠花袋中。

06　麵糊擠入烤盤中，擠約 50 元銅板大小。

07　取出冷凍脆皮，切成 0.5 公分厚片貼於麵糊上。

08　進烤箱，以上下火各 170 度，烤 27 分鐘，完成為泡芙外皮。

09　製作內餡：低筋麵粉、玉米粉過篩後放入鍋中，加入特砂糖、雞蛋拌勻，倒入牛奶續拌成湯狀。

10　另取一大鍋放入 1/4 的水煮滾，將作法 09 中拌成湯狀的小鍋放在水滾的大鍋上，以隔水加熱方式煮至濃稠為克林姆餡，待冷備用。

11　攪拌缸中放入鮮奶油以快速拌打至中性發泡。

12　挖些許發泡的鮮奶油與克林姆餡拌勻，再倒回剩餘的發泡鮮奶油裡攪拌均勻，為卡士達餡。

13　組合：取出烘烤完成的泡芙外皮，待冷後從側面中間切半（勿切斷）　填入卡士達餡，或擠入鮮奶油餡（鮮奶油餡需先填入裝有特製花嘴的擠花袋中）。

Tips　此道脆皮泡芙營業版與家用版作法不同之處在於，營業版有添加無鋁泡打粉，且在全部雞蛋加完後轉快速續打 10 分鐘，使泡芙外皮變大；家用版則不需要。

第四章 ／ 茶點

香脆的薄餅，米香四溢的米粩、米香糖，
還有軟 Q 的黃豆軟糖等，集結多種口感
的古早味小點，最適合與三五好友品茗時
享用，一起話家常重溫美好的時光。

番薯糖

小時候因家境清寒，母親總會做蕃薯糖或柚子糖，搭配枝仔冰讓我沿街叫賣，以貼補家用。

可製作 20 條，每條約 100 克

材　料

A　地瓜 2000 克、鹽 20 克、水 1000 克
B　傳統麥芽 200 克、二砂糖 200 克、水 500 克

作　法

01　地瓜洗淨後刨皮；鹽與水拌勻為鹽水。

02　鹽水中倒入刨好的地瓜浸泡 20 分鐘，使地瓜吸入鹽分以防變黑。

03　浸泡完成的地瓜濾掉水分後再以清水洗一次，再濾乾水分。

04　取一鍋放入材料 B，以中大火煮滾，倒入地瓜轉小火慢熬煮。

05　以木杓壓下浮於表面的地瓜，使每條地瓜都能浸到糖水，勿翻動以確保地瓜形狀完整。

06　熬煮約 1 小時用竹籤試插（插入即表示地瓜已熟），若想吃鬆軟口感即可熄火；想吃較 Q 口感可再煮 30 分鐘，讓地瓜產生拔絲狀熄火。

芝麻瓦餅

香脆的瓦餅充滿著芝麻香及麵香，令人一片接著一片無法抗拒！

🥛 每個 15 克，可製作 25 個

【 材 料 】

糖粉 40 克、無水奶油 20 克、鮮奶 180 克、低筋麵粉 100 克、熟黑芝麻適量

【 作 法 】

01 無水奶油、糖粉先拌均勻，加入鮮奶 30 克攪拌成糊狀，以避免結粒。

02 再倒入剩餘的鮮奶拌成液狀，加入低筋麵粉拌成稠狀為麵糊。

03 麵糊於室溫下靜置 20 分鐘，備用。

04 蛋捲模先預熱，撒上些許熟黑芝麻再舀入一湯匙麵糊。

05 以小火煎 20 秒，上色後翻面再煎 20 秒為芝麻瓦餅。

06 待芝麻瓦餅呈金黃色，拿起放入 U 字形槽中塑型，待冷卻後即可食用。

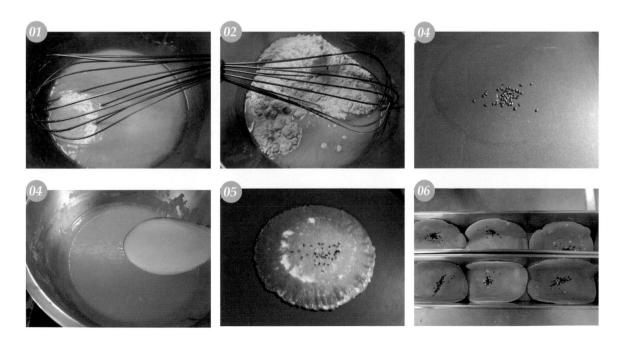

Tips　同樣的配方同樣的材料，但以不同的模具所煎出來的成品會呈現極大的差異與口感。
芝麻瓦餅就是其中之一，若用平底鍋煎，其成品就像銅鑼燒，柔軟酥鬆；換成蛋捲煎
盤煎，成品則香酥脆。

地瓜棗

記得小時候，母親總會在每年中元普渡時做這
道甜點參拜，不同的口味不同的好滋味。

🥛 每個約 70 克，可製作 13 個

材　料

地瓜 600 克、糯米粉 120 克、豬油 50 克、裝飾用黑白芝麻各 50 克

作　法

01　黑白芝麻混合備用。

02　地瓜去皮，洗淨後切塊狀，放入電鍋蒸熟（手揉可碎即蒸熟）。

03　取出蒸熟的地瓜塊趁熱搗碎為地瓜泥，放涼備用。

04　放涼的地瓜泥加入糯米粉拌均勻，加入豬油揉成地瓜泥團。

05　地瓜泥團分捏成小塊，每塊約 70 克，以手搓揉成橢圓形的棗狀為地瓜棗。

06　地瓜棗稍微浸泡於水中，取出後裹上混合的黑白芝麻。

07　油鍋加熱至 180 度，放入地瓜棗炸至呈金黃色撈起。

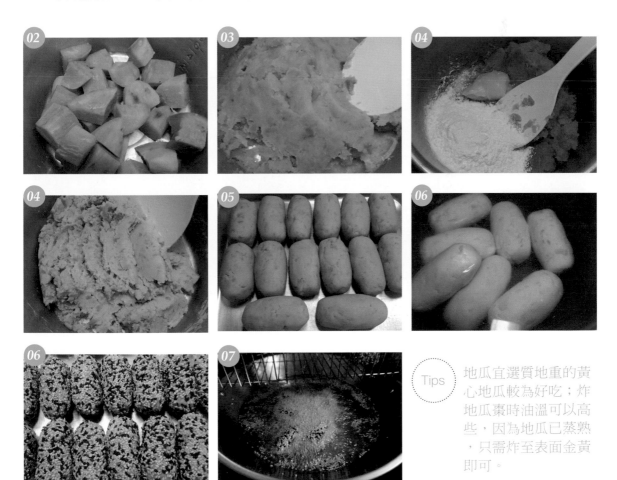

Tips　地瓜宜選質地重的黃心地瓜較為好吃；炸地瓜棗時油溫可以高些，因為地瓜已蒸熟，只需炸至表面金黃即可。

炸棗

炸棗，香港稱為煎堆，大陸稱為麻團，澎湖則
為炸棗，是一種空心的油炸物。

每個約70克（皮54克、餡16克），可製作14個

材　料

A　沸水（100 度）250 克、水磨糯米粉 150 克
B　豬油 30 克、特砂糖 90 克、水磨糯米粉 200 克、低筋麵粉 85 克、泡打粉 8 克
C　紅豆沙 225 克（做法詳見 p.56）
D　白芝麻適量

作　法

01　攪拌缸中放入 A 材料的水磨糯米粉，沖入沸水攪拌均勻。

02　加入 B 材料繼續攪拌勻為麵團，取出麵團鬆弛 10 分鐘。

03　將鬆弛後的麵團分割成小麵團（每個 54 克）。

04　小麵團稍壓扁，包入紅豆沙 16 克，捏緊後收口，搓圓呈無縫球狀為生胚。

05　生胚沾水，均勻沾滾上白芝麻。

06　鍋中放入沙拉油加熱至油溫 80 度，放入裹上芝麻的生胚，以小火炸約 5 分鐘。

07　待生胚鼓起時撈起，轉中火至溫度升至 170 度，再次放入生胚油炸，約 3 ～ 5 分鐘至生胚呈金黃色為炸棗，即可撈出。

08　用漏勺瀝乾炸棗油分後裝盤。

棗仔枝

甜香硬脆，為過年過節必吃的零嘴之一。

每個 20 克，可製作 90 個

材　料

A　在來米粉 75 克、水 60 克
B　麥芽 275 克、水 320 克
C　糯米粉 600 克、中筋麵粉 75 克、泡打粉 15 克
D　細砂糖 300 克、麥芽 40 克、水 100 克
E　糖粉 80 克

作　法

01　取一鍋，倒入 A 材料混合均勻為粉團。

02　另取一鍋，倒入 B 材料煮滾為麥芽水。

03　將麥芽水沖入粉團裡拌均勻，加入過篩的 C 材料拌揉成麵團。

04　取出麵團靜置 30 分鐘，將其以手輕壓扁以擀麵棍擀成 0.5 公分厚麵皮。

05　麵皮切成 5×0.5 公分的麵條。

06　鍋中倒入沙拉油加熱至 150 度，放入麵條炸至呈金黃色，撈起後濾乾油分即為米菓。

07　D 材料放入鍋中煮至溫度 120 度為糖漿。

08　趁糖漿高溫時倒入米菓翻拌均勻，使米菓都裹上糖漿。

09　糖粉倒入盤中，放入裹上糖漿的米菓，使其沾滿糖粉。

10　待米菓乾燥後即成棗仔枝。

芋棗

農曆七月是芋頭盛產期，口感綿密又好吃，老母親總愛用其製成參拜的甜點之一。

每個約 70 克，可製作 13 個

材　料

芋頭 600 克、豬油 100 克、糖粉 60 克、澄粉 56 克、沸水 112 克、太白粉適量

作　法

01　芋頭去皮，洗淨切塊狀，放入電鍋蒸熟（竹籤可插入芋頭中即蒸熟）。

02　取出蒸熟的芋頭塊趁熱搗碎為芋泥，放涼備用。

03　澄粉放入容器中倒入沸水燙熟，加入搗碎的芋泥拌均勻。

04　再放入豬油及糖粉揉成芋團。

05　芋團分捏成塊，每塊約 70 克，搓揉成橢圓形的棗狀為芋棗。

06　芋棗稍微浸泡於水中，撈起後裹上太白粉，使其外皮保持乾燥。

07　油鍋加熱至 180 度，放入芋棗炸至呈金黃色撈起。

Tips 芋頭宜選質地輕的檳榔芋較為好吃；炸芋棗時油溫可以高些，因為芋頭已熟，只須炸至表面金黃即可；也可包入豆沙及鹹蛋黃為內餡，口感更加豐富。

小饅頭

孩童們最喜愛的零嘴之一，一粒接一粒，酥酥脆脆好是滿足。

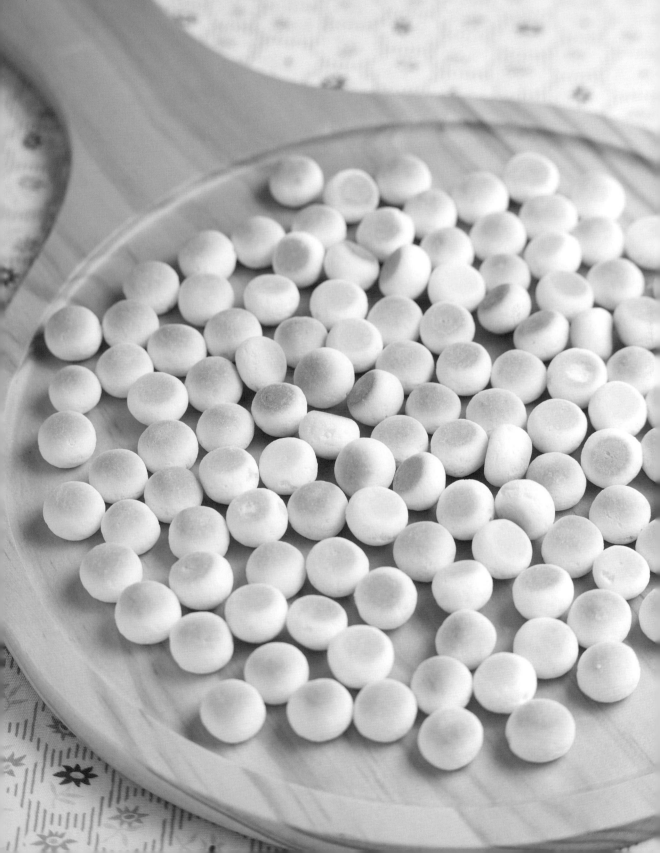

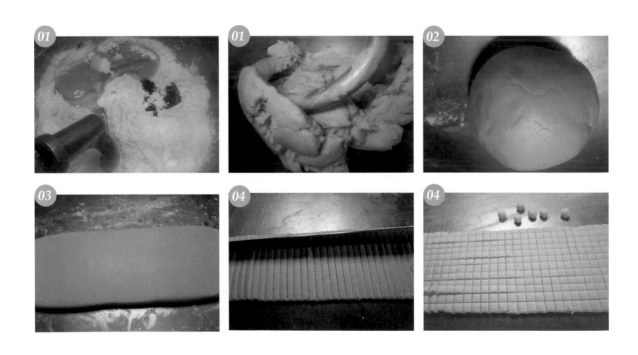

每粒約 2 克，可製作約 200 粒

材　料

馬鈴薯粉 250 克、雞蛋 50 克 (約 1 個)、蜂蜜 70 克、麥芽 30 克、奶粉 30 克

作　法

01　所有材料放入攪拌缸中以慢速拌打均勻。

02　再將攪拌器轉至中速拌打成麵團，取出麵團放於料理台。

03　取擀麵棍將麵團擀成厚度 1.5 公分。

04　以刀切成 1 公分寬，再直切成 1.5 公分長。

05 切好的麵團放入竹篩網中，以上、下、左、右滾動方式將麵團滾圓為小圓球。

06 小圓球排入烤盤，放入烤箱，以上上下火各 200 度烤 6 分鐘。

Tips 早期製作小饅頭會添加重曹（小蘇打粉）使產品鬆脆，外表膨脹漂亮；本書介紹的小饅頭無加入任何食品添加物，且加了綠豆粉更有一股天然香味，成品雖有些許裂開，但也因此顯得酥脆可口。

蒜頭薄餅

盛行於五〇年代的蒜頭薄餅至今已失傳，充滿蒜
香味的薄餅，一片接著一片，令人無法抗拒。

每個 20 克，可製作 45 個

材　料

白色清仔皮
低筋麵粉 150 克、糖清仔 80 克、沙拉油 30 克

黑色內餡
低筋麵粉 300 克、黑糖 150 克、鹽 3 克、麥芽 70 克、蒜泥 50 克、豬油 40 克、全蛋 1 個、五香粉 3 克

作　法

01　製作白色清仔皮：鋼盆中放入糖清仔、沙拉油攪拌均勻，加入低筋麵粉拌成團備用。

02　製作黑色內餡：取另一鋼盆，放入過篩的黑糖、鹽、麥芽、五香粉、豬油拌勻，加入雞蛋攪拌，放入蒜泥、低筋麵粉拌成團。

03　白色清仔皮以擀麵棍擀成 10（寬）×15（長）×0.5（厚）公分的長方形麵皮。

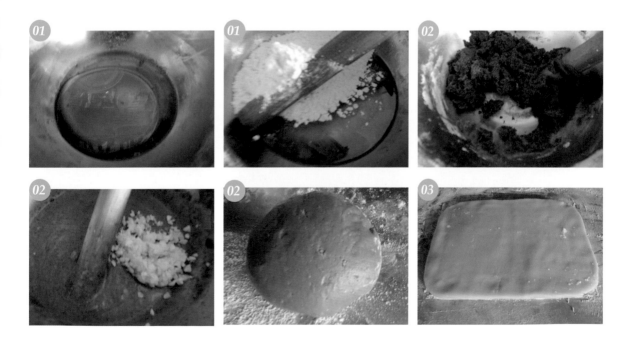

04 黑色內餡以擀麵棍擀成 10（寬）×15（長）×1（厚）公分的長方形麵皮。

05 白色麵皮放於料理台上，表面沾些水疊上黑色麵皮。

06 將疊好的麵皮由前端摺入至末端，再慢慢向前推捲起至成圓柱狀，用刀切成 0.3 公分的薄片。

07 切好的薄片排上烤盤，進烤箱以上火 180 度、下火 150 度，烤 10 分鐘至熟成。

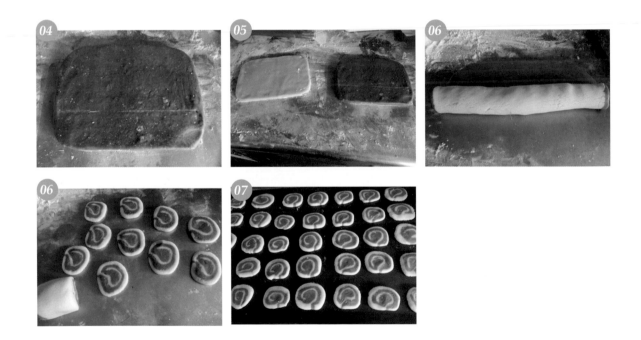

Tips 早期製作這道蒜頭薄餅會加入重曹（蘇打粉）及氨粉，使口感較為膨鬆，如今去掉此兩項添加物後口感較為硬脆，所以不適合切太厚。

耳朵餅

口感薄脆，愈嚼愈香甜是泡茶時不可或缺的茶點，品茗配耳朵餅，茶香美味兼具。

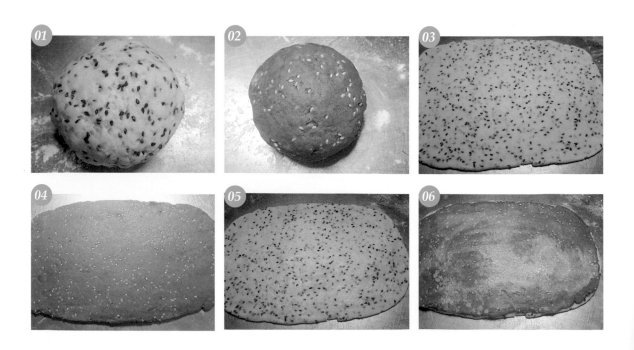

每個 5 克，可製作 90 個

材料

原味
低筋麵粉 150 克、黑芝麻 10 克、糖粉 60 克、奶油 30 克、雞蛋 1 個
加味 (褐色)
低筋麵粉 100 克、白芝麻 10 克、糖粉 20 克、肉桂粉 10 克、奶油 20 克、糖粉 40 克、雞蛋 1 個

作法

01　鋼盆中放入原味材料混合拌勻成原味麵團。

02　取另一鋼盆，放入加味材料混合拌勻成加味麵團。

03　原味麵團以擀麵棍擀薄成 1 公分厚的長方形麵皮。

04　加味麵團擀薄成 0.5 公分厚的長方形麵皮。

05　在原味麵皮的表面塗上些許水分。

06　將加味麵皮疊在原味麵皮上，表面塗上些許水分。

07　疊好的麵皮從底部往內摺，慢慢捲起成圓柱狀。

08　捲好的麵皮用刀切成 0.2 公分厚的薄片。

09　以擀麵棍再擀薄（使油炸時餅皮能彎曲）。

10　鍋中倒入沙拉油，加熱至 180 度，放入薄片麵皮炸至金黃。

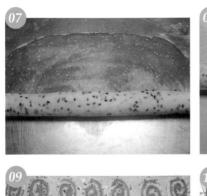
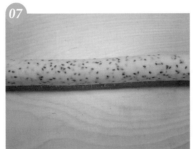

[　**耳朵餅的由來**　]

耳朵餅，餅如其名。戰國時代已有此餅，當時戰亂時期，各地諸侯結盟共禦外敵，割牛耳朵，取其血於杯中飲之為盟，並將割下的牛耳剁碎做成餅，分發諸侯各自帶回自己的封地，從此就成為耳朵餅的起源而流傳於各地。

椰子船

椰子船是早期最普遍且受歡迎的甜點，椰子的香味及酥脆的口感令人再三回味。

每個 30 克（皮 13 克、餡 17 克），可製作 30 個

材 料

塔皮
糖粉 112 克、雞蛋 1 個、發酵奶油 56 克、低筋麵粉（過篩）187 克

椰子內餡
糖粉 150 克、無水奶油 50 克、雞蛋 3 個、椰子粉 180 克

作 法

01 製作塔皮：盆中放入塔皮材料拌均勻成麵團。

02 取出麵團，以擀麵棍擀成 0.2 公分的薄皮為塔皮。

03 塔皮用擀麵棍捲成圓柱狀，再將塔皮攤開放上模型，手壓模成形。

04 將剩餘的塔皮填入模具四周。

05 製作內餡：盆中放入糖粉、無水奶油拌均勻後，分次加入雞蛋拌勻。

06 盆內再加入椰子粉攪拌均勻為椰子內餡。

07 椰子內餡填入模型中或放入擠花袋擠入模型內。

08 進烤箱，以上火 180 度、下火 200 度，烤 12 分鐘，完成為椰子船。

09 取出椰子船，趁熱脫模即可。

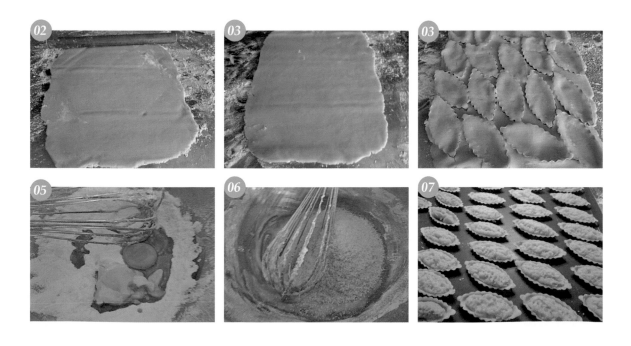

炸米花

你知道吃剩的米飯也能變出好多種用途嗎？不但可用來煮稀飯，也可加地瓜變成地瓜粥，更有將它曬乾，用來做點心，以便下田時好充飢。

可製作 350 克

材　料

熟米飯 900 公克

作　法

01　取熟米飯 900 克置於白鐵盤中放於日光下曝曬，需經常翻動避免黏著。

02　米飯曬乾後約剩 300 克。

03　油鍋放入沙拉油約 500 克，加熱至 200 度。

04　米乾置於濾網中，放進油鍋，待米乾浮起後立即熄火（米乾放入油鍋只炸 3 秒，膨脹後即撈起，所以不太會吸油）。

05　撈起米乾，濾乾油分即成米花。

Tips　熟米飯需於太陽下曝曬約 6 小時，夏天、冬天需曬 8 小時以上，再烘乾約 2 小時即成米乾。

米乾糖

將剩飯曬成米乾，經油炸、拌糖、切塊，沒想到嘗起來又香又酥脆。

攝影：吳金石

可製作1盤（長30公分×寬22公分×高3公分）

材　料

炸米花
熟米飯 900 克、沙拉油 500 克、油蔥酥 15 克、熟花生（去皮撥半）60 克
糖漿
細砂糖 210 克、麥芽糖 90 克、鹽 3 克、水 90 克

作　法

01　製作炸米花請詳見 p.123 炸米花作法。

02　取另一個鍋子，放入炸米花、油蔥酥及熟花生拌勻，備用。

03　製作糖漿：取另一個鍋子，放入細砂糖、麥芽糖、鹽和水煮滾，用刷子輕刷鍋邊以防糖煮焦為糖漿。

04　當糖漿煮至 115 度後熄火，若沒有溫度計測量，可將糖漿煮至拉絲，滴入水中能成塊且軟硬度似龍眼乾即可。

05　將糖漿倒入作法 02 的鍋子拌勻，拌料放入木框模型中，壓平即取出木框，趁熱切塊。

 Tips　若糖漿溫度不足 115 度放入炸米花中，會使成品較稀鬆黏手且散開不易成形。若糖漿溫度超出 115 度放入炸米花，成品會變得又硬又脆，還會留下像冰糖的白色粉末。

黃豆軟糖

沾滿黃豆粉的軟糖，軟中帶香的口感令人回味無窮，憶起童年的美好時光！

每個 20 克，可製作 40 個

材　料

砂糖 300 克、水 120 克、麥芽 120 克、黃豆粉 300 克

作　法

01　鍋內放入糖和水以中火煮滾為糖漿。

02　煮滾後轉小火煮至 114 度，熄火。

03　待糖漿溫度降至 80 度，加入黃豆粉用鍋鏟拌均勻為軟糖。

04　剩餘的黃豆粉撒在料理台上，並放上軟糖。

05　將軟糖搓長成圓條狀。

06　用刀將軟糖切成 3 公分的塊狀。

07　軟糖邊切邊轉邊沾黃豆粉，避免黏著一起或黏於桌上。

麻糍米糍

過年與農曆七月才出現的古早味零嘴，自己做美味更加分。

每個 30 克，可製作 60 個

材　料

A　在來米粉 75 克、水 60 克
B　麥芽 275 克、水 320 克
C　糯米粉 600 克、中筋麵粉 75 克、泡打粉 15 克
D　細砂糖 300、麥芽 40 克、水 100 克
E　沾面材料：熟白芝麻 400 克、米花 300 克

作　法

01　盆中放入 A 材料混合均勻為粉團。

02　取一鍋放入 B 材料煮滾為麥芽水。

03　將粉團倒入麥芽水鍋中攪拌均勻。

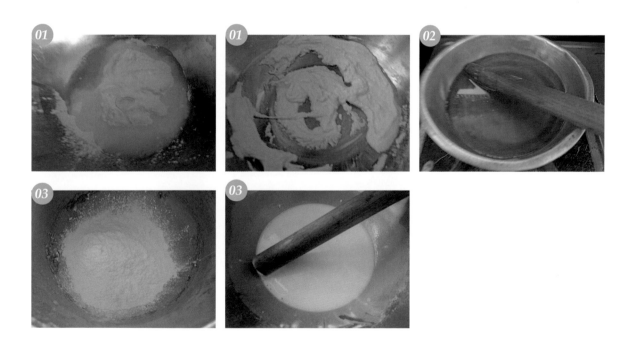

Tips　本篇食譜配方為取代材料，因為真正的米菓乾取之不易，只有過年與農曆 7 月才有販賣，而且要整箱（50 斤）買沒有零售。因此一些家用的就無法購買，所以用此代替也不輸於真品。

04 加入已過篩的 C 材料拌揉成麵團，靜置 30 分鐘。

05 將麵團壓扁，以擀麵棍擀成 0.5 公分厚的麵皮。

06 再以刀切成 5×0.5 公分的長條為麵條。

07 鍋中倒入沙拉油，加熱至 150 度，放入麵條炸至金黃，撈起濾乾油分即為米菓。

08　另取一鍋，倒入 D 材料，先以大火煮沸，再轉中火煮至稍有黏度為糖漿（滴入水中有凝固現象）。

09　糖漿轉小火續煮，保持糖溫，避免愈冷糖漿會愈硬。

10　米菓放入熱糖漿中翻拌均勻，使每個米菓都裹上糖漿。

11　生白芝麻倒在竹網上，將部分裹上糖漿的米菓均勻的裹上熟白芝麻。

12　再將米花倒在竹網上，將剩餘裹上糖漿的米菓均勻的裹上米花。

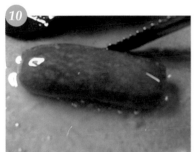  

早期米粩的作法

材料：米菓乾 600 克、特砂糖 600 克、麥芽 600 克、水 450 克

作法：

01 準備兩個油鍋，一個油量多油熱至 80 度，一個油量少油溫保持在 20 〜 30 度。

02 先將 20 條的米菓乾放入少油鍋中以低油溫泡 2 〜 3 分鐘至米菓變軟。

03 再從多油熱鍋中舀半勺油到泡軟的米菓中不時翻滾，使其慢慢膨脹。

04 反覆翻滾多次至米菓變成金黃色時撈起，續依本頁作法 08 〜 12 完成。

黑糖米香糖

黑糖米香糖是早期農家的點心，加入花生及油蔥酥，拌入花生油，味香可口。

可製作白鐵盤 1 盤（長 27 公分 × 寬 20 公分 × 高 4 公分）

材　料

黑糖 200 克、鹽 3 克、麥芽 80 克、水 90 克、花生油 20 克、炸米花 300 克（作法詳見 p.123）、油葱酥 30 克、花生 60 克

作　法

01　花生進烤箱烤熟後剖半去膜備用。

02　取一鍋，將剖皮的花生、油葱酥、炸米花攪拌均勻。

03　另起一鍋放入黑糖、麥芽、鹽、水，開中火煮滾後轉小火續煮。

04　續煮至糖水滴入水中可成塊（此時糖溫約 120 度）即可熄火。

05　熄火後加入花生油攪拌，倒入作法 02 的炸米花拌均勻為米花糖。

06　米花糖填入模型中，手套上手套（阻隔高溫）壓平，再以擀麵棍擀平。

07　米花糖脫模後趁熱切成所需大小。

 Tips

1. 使用麥芽時不能購買含有玉米澱粉或太白粉提煉的麥芽，否則容易使米香糖散開不易成形。

2. 煮糖的過程中要刷鍋邊，糖滾後轉小火，煮至糖溫約 120 度，將糖漿滴入水中立即成塊即可。

3. 待糖漿完成時，需立刻倒入米花，拌勻時動作要快，倒入模型後也需快速以擀麵棍擀平，切成所需大小。

九層塔米香糖

將吃剩的米飯曬乾再利用，香氣滿溢的九層塔與
甜膩的麥芽糖米香搭配，鹹香清甜好滋味！

可製作白鐵盤 1 盤（長 27 公分 × 寬 20 公分 × 高 4 公分）

材　料

特砂糖 200 克、鹽 3 克、麥芽 80 克、水 90 克、炸米花 300 克（作法詳見 p.123）、九層塔 20 克

作　法

01　九層塔洗淨後濾乾水分，切碎備用。

02　鍋中倒入沙拉油，加熱至 180 度，將九層塔碎放在濾網上，浸入熱油中至九層塔浮起即可撈出，於室溫下放涼。

03　另取一鍋放入炸好的九層塔碎、炸米花攪拌均勻。

04 另取一鍋放入特砂糖、麥芽、鹽、水，先開中火煮滾後為糖漿。

05 續煮糖漿，轉小火煮至糖漿滴入水中可成塊（糖溫約 120 度），熄火。

06 將炸米花倒入糖漿中拌勻為米香糖。

07 填入模型中，先用手（戴手套隔熱）壓平，再以擀麵棍擀平。

08 米香糖脫模後取出，趁熱切成所需大小。

Tips

1. 使用麥芽時不能購買含有玉米澱粉或太白粉提煉的麥芽，否則容易使米香糖散開不易成形。

2. 煮糖過程中要刷鍋邊，糖滾後轉小火，煮至糖溫約120度，糖漿滴入水中立即成塊即可；糖溫不夠成品稀鬆黏手，不易成形；糖溫過熱，成品硬脆易散。

3. 待糖漿完成時，需立刻倒入米花，拌勻時動作要快，倒入模型後也需快速以擀麵棍擀平，切成所需大小。

4. 炸九層塔時需用大火且油溫要加熱至180度以上，九層塔才不會含油。

黃金御菓子

鬆軟綿密的地瓜泥配上酥脆的塔皮，口感豐富多層次，好味道令人讚不絕口！

🥛 每個 42 克（皮 13 克、餡 29 克），可製作 30 個

材 料

塔皮
糖粉 112 克、發酵奶油 56 克、雞蛋 1 個、低筋麵粉 187 克
菓子內餡
地瓜 600 克、麥芽 60 克、水 200 克、洋菜條 10 克

作 法

01　製作內餡：洋菜條泡水備用。

02　地瓜削皮後洗淨切塊，放入電鍋蒸熟。

03　熟地瓜趁熱搗碎，以篩網過篩為地瓜泥。

04　取一鍋放入濾乾水分的洋菜條，加入水煮滾。

05　煮滾後加入地瓜泥、麥芽繼續煮至收汁，熄火後放涼備用。

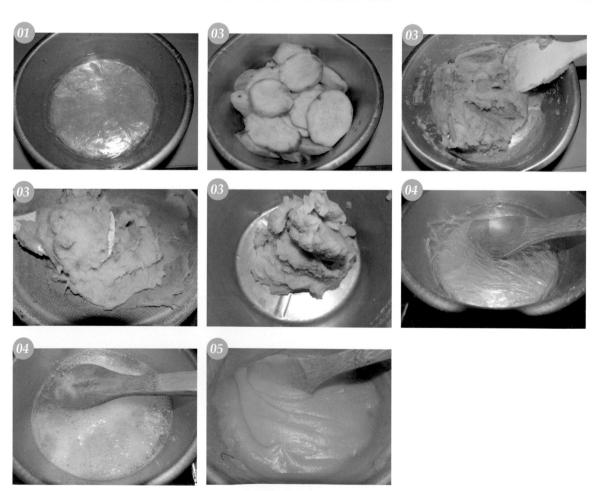

06　製作塔皮：盆中放入塔皮材料拌勻成塔皮團。

07　將塔皮團以**擀麵棍擀**成 0.2 公分的薄塔皮。

08　塔皮用**擀麵棍**捲成圓柱狀，再將其攤開覆蓋在模具上，用手壓模成形。

09　用手將塔皮壓入模具四周。

10　擠花袋袋口裝上菊花形花嘴。

11　將放涼的地瓜泥內餡填入擠花袋中，於塔皮模具上擠出波浪形的花紋。

12　完成後放上烤盤，進烤箱，以上火 180 度、下火 200 度，烤 12 分鐘。

13　取出成品後趁熱脫模即成。

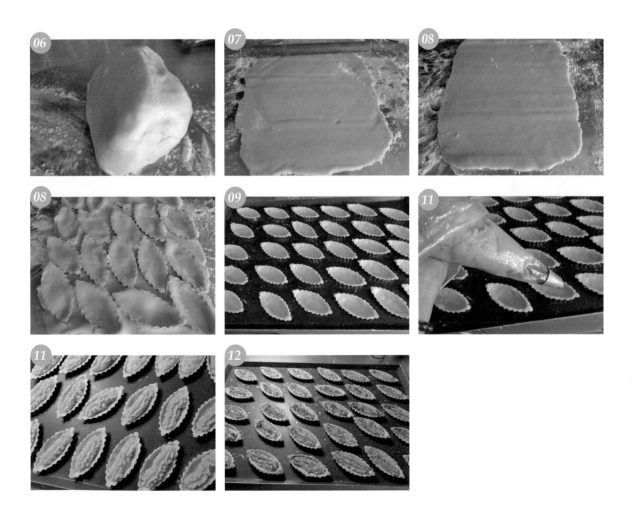

第五章

鹹點

古早味的好味道中絕對不能錯過鹹食，油飯、碗粿、八寶丸、鹹酥餃等，每一道都是傳承至今的佳肴，品嘗一口，懷念的好滋味，憶起當年，令人再三回味。

七夕油飯

油亮的糯米飯以豬油、醬油等為拌料，搭配炒香的豬肉、香菇等配料，嘗一口真是大大的滿足！

每盒 600 克（油飯 500 克、豬肉餡 100 克），可製作 10 盒

材　料

糯米 3600 克（煮熟攪拌後約為 5400 克）

豬肉餡

胛心肉 600 克、乾香菇 150 克、蝦米 150 克、豬油 150 克、油蔥酥 150 克、鹽 10 克、糖 13 克、雞粉 25 克、百草粉 12 克

糯米滲料

豬油 150 克、鹽 37.5 克、糖 13 克、雞粉 25 克、醬油 60 克

作　法

01　糯米洗淨後浸泡一晚或 6 小時以上，使糯米徹底吸足水分。

02　備一大鍋放入約鍋身 1/4 的水量，開大火煮滾後轉中火續煮。

03　將浸泡的糯米濾乾水分，倒入滾水的鍋中。

04　以鍋鏟開始翻拌糯米以防黏鍋，由上而下、由左而右重複翻拌。

05　翻拌至糯米開始膨脹呈白色狀即可熄火為糯米飯。

06　糯米飯以濾網過濾水分，放入鋪有粿巾的蒸籠裡。

07　另備一鍋放入約鍋身 1/3 的水量，開大火煮滾，放上裝有糯米飯的蒸籠，以大火蒸 30 分鐘。

08　炒豬肉餡：香菇以水浸泡 60 分鐘，待膨脹後濾乾水分切絲為香菇絲備用。

09　蝦米洗淨後以水浸泡 30 分鐘，待膨脹後濾乾水分備用。

10　胛心肉切絲（可請肉商代切或絞粗孔的肉絲）。

11　另取一鍋，倒入豬油加熱，放入香菇絲炒熟，加入蝦米、胛心肉絲繼續炒熟。

12　鍋中加入鹽、糖、雞粉調味拌炒，最後放入油蔥酥、百草粉拌勻即可熄火，盛盤。

13　原鍋放入糯米滲料，開中火拌勻，倒入作法 07 中蒸熟的糯米飯拌勻為油飯。

14　盛盤。先裝油飯 500 克，鋪上炒豬肉料，撒些許香菜。

[七夕油飯的由來]

傳說每年農曆七月七日是「床母」的生日，每到這天有孩子的家庭都會以油飯或麻油雞放在兒童的床邊來祭拜「床母」，以保佑孩童健康長大。且焚燒四方金和床母衣，燒完即可撤掉供品，勿拜太久怕孩子會賴床。

蝦米碗糕

粉嫩Ｑ彈的碗糕佐以充滿油蔥香的蝦米，簡單的好
味道令人懷念不已！

每碗 600 克，可製作 5 碗

材　料

內餡
蝦米 40 克、油蔥酥 20 克
碗糕
在來米粉 300 克、太白粉 150 克、水 600 克、鹽 3 克、沸水 2100 克

作　法

01　製作內餡：蝦米洗淨後以水浸泡 1 小時，濾乾水分備用。

02　取一鍋，放入少許豬油，開中火使油融化熱鍋。

03　熱鍋後倒入蝦米炒熟，放入油蔥酥拌炒均勻，盛盤放於室溫下冷卻備用。

04　製作碗糕：太白粉、在來米粉、鹽混合均勻，以篩網過篩。

05　另取一鍋，加入過篩後的粉末、水 600 克攪拌均勻成粉漿。

06　沸水 2100 克趁熱沖入粉漿中，攪拌成濃稠狀。

07　蒸籠中先放入瓷碗蒸熱（約 3 分鐘）。

08　將拌至濃稠的粉漿倒入瓷碗中，約倒 8 分滿。

09　在每碗粉漿上放上些許炒好的蝦米。

10　以大火蒸約 60 分鐘，用牙籤插入辨別是否蒸熟，如不黏牙籤即完成為蝦米碗糕。

11　取出蝦米碗糕後，於室溫下放涼即可食用。

[**蝦米碗糕的由來**]

台灣有句常用語總是掛在大家的嘴邊——這是什麼碗糕？

不清楚是什麼東西，因此常用這句話問人，但是你知道它的由來嗎？

相傳台灣人的祖先都是由大陸沿海移民而來，那時生活艱苦，工作艱辛，常常吃不飽，後來有人將在來米磨成粉，加入太白粉調成漿，沖入滾水拌成糊，再佐以用蝦米與油蔥炒熟的配料（將配料放至盛有米糊的碗中）蒸熟，竟成一道既可充飢又美味的點心，有人問他這是什麼？他說這是用蝦米做的碗糕，就叫「蝦米碗糕」好了；這可能就是碗粿的前身。

炸鹹芋丸

加入絞肉與油蔥酥的芋丸，肉香混合芋頭香，風味更加迷人。

可製作 70 個，每個約 30 克

材　料

芋頭（2 顆）1500 克、絞肉 300 克、全蛋（2 個）120 克、油葱酥 150 克、低筋麵粉 150 克、雞粉 2 茶匙、鹽 1 小匙、白芝麻少許

作　法

01　低筋麵粉過篩，油葱酥壓碎備用。

02　芋頭去皮，洗淨後切塊狀，放入電鍋中蒸熟。

03　蒸熟的芋頭塊用飯匙搗碎為泥狀，加入絞肉、油葱酥、雞粉、鹽。

04　分次加入雞蛋拌勻，加入低筋麵粉攪拌均勻為芋泥團。

05　芋泥團分割成小團，每小團約 300 克（共 7 小團）。

06　每小團再分割成 10 小塊，搓揉成圓球狀為芋丸。

07　芋丸表面沾水後沾上白芝麻。

08　鍋中放入沙拉油加熱至 150 度，放入芋丸炸至呈金黃色。

09　撈取芋丸，濾乾後即可盛盤。

八寶丸

勤儉持家的母親，使用簡單的材料製作出令我
懷念的好味道。

每個約 26 克，可製作 70 個

材 料

絞肉 1200 克、地瓜粉 50 克、豆薯 600 克、雞粉 12 克、鹽 8 克

作 法

01 先將豆薯去皮，洗淨後切細丁狀。

02 絞肉與地瓜粉拌均勻，使肉質變硬。

03 加入鹽、雞粉、豆薯攪拌均勻。

04 用手捏成圓球狀，每顆約 70 克為生八寶丸。

05 生八寶丸裹上地瓜粉。

06 鍋中倒入油，加熱至 160 度，放入生八寶丸，炸至呈金黃色撈起。

端午粽

小小一顆粽子隱藏著豐富的餡料，以粽葉包裹，葉香、米香四溢，令人垂涎三尺。

每個粽子 3 兩，每串 20 個，可製作 6 串共 120 個

材　料

粽子餡料

長糯米 1 斗（約 6900 克）、沙拉油 2 斤、碎紅葱頭 8 兩（300 克）、豬肉塊 5 斤（3000 克）、乾香菇 60 朵、蝦米 8 兩（300 克）、醬油 3 兩（112.5 克）、雞粉 180 克、鹽 90 克、花生 4 斤（2400 克）、鹹蛋黃 120 顆、栗子 120 顆、五香粉 15 克

包粽子所需用具

粽繩 6 串（每串固定 20 條共 120 條）
粽葉 5 疊（每疊約 50 至 58 葉大小不一）

作　法

製作粽子餡料

01　乾香菇、蝦米、花生、栗子洗淨後，用水浸泡兩小時至膨脹，倒掉水分，香菇切絲，栗子需用針頭去掉雜紋。

02　糯米洗淨後滴乾水分放入鍋中，加入鹽 75 克、雞粉 150 克、醬油、花生，拌勻備用。

03 取另一鍋，放入沙拉油，油滾後放入紅蔥頭炸至金黃。

04 再取另一鍋放入香菇炒香，加入豬肉塊、蝦米、鹽 15 克、雞粉 30 克炒熟，放入五香粉及炸好的紅蔥頭拌勻備用。

包粽子步驟

05 粽葉用滾水浸泡兩小時，再一葉一葉洗淨置於有孔的籃子中，以利滴乾水分。

06 粽繩垂掛在適當位置。

07 取大小粽葉各一（大外小內），相反對齊。

08 在 1/3 處摺成甜筒形，填入 1/3 的糯米，糯米中間放入鹹蛋黃、香菇、栗子、豬肉。

09　上層再覆蓋糯米並將粽葉摺回，再將多餘部分往內摺成三角形。

10　拉起繩子繞兩圈拉緊，伸出食指在最後一圈隔出一個洞，繩子從洞中穿過打活結再拉緊。

11　依此重複至所有材料包完為止。

12　取一大鍋加入 2/3 的水開大火煮滾，放入 3 串包好的肉粽，煮滾後轉中火煮 1 小時，翻串（把下面的粽子翻到上面，上面的粽子翻到下面，使粽子較易熟透），加水再煮 1 小時至熟成。

13　剩下 3 串依上述方法續煮即可。

[端午粽的由來]

端午吃粽的習俗，是為紀念屈原投江壯烈死諫的故事，端午粽有南粽與北粽之分，南粽用煮的，北粽用蒸的方式。

鹹湯圓

別於紅白色的小湯圓，包入肉館的鹹湯圓，
一口咬下令人再三回味。

每個湯圓重 40 克（皮 25 克、餡 15 克）

材　料

外皮
圓糯米 1800 克

湯頭
紅蔥頭 250 克、豬油 75 克、水 1800 克、鹽少許、雞粉少許

肉餡
絞肉 1200 克、青蒜 300 克、青蔥 300 克、芹菜 150 克、五香粉少許

作　法

鹹湯圓

01　先將糯米洗淨，浸泡於水中 4 小時（冬天浸泡 6 小時）。

02　取出浸泡後的糯米，濾乾水分倒入磨豆機中（磨豆機出口需先以大鐵夾夾住過濾袋），加水磨成漿為糯米漿。

03　將裝滿糯米漿的過濾袋口綁緊，上面用裝有水的容器或石頭壓乾，壓乾後取出過濾袋中的糯米粉團。

04　取些許糯米粉團壓成小塊，將其蒸熟或煮熟為麵種。

05　麵種與剩餘的糯米粉團放入缸中，攪拌均勻為糯米團。

06　將內餡材料混合均勻，調成肉餡冷藏。

07　取出拌好的糯米團，揉成長條狀，分切成段，每個 25 克。

08　糯米團輕壓扁展開成皮，包入肉餡 15 克，搓圓為鹹湯圓。

湯頭

09　紅蔥頭切半與豬油入鍋中先爆香。

10　鍋中加入水、鹽、雞粉煮滾，放入包好的鹹湯圓繼續煮。

11　待鹹湯圓煮熟後撈出放入碗中，再盛入鍋中的熱湯。

12　撒入少許胡椒粉或香油更添美味。

(Tips)　如想品嘗較清淡的湯頭，可不加鹽及雞粉調味。

[**冬至吃湯圓的習俗**]

冬至吃「冬節圓」在台灣是不可或缺的習俗，每到這天一定要浮一些紅白湯圓做為甜點來祭拜祖先，到了黃昏就製作鹹湯圓，大家圍著吃以示一家團圓，同時也意味著大家又長了一歲。

鹹酥餃

口味鹹香的炸餃子,一口咬下香氣四溢,酥脆的外皮與豐富的內餡,吃飽又吃巧。

🥛 每個約 25 克（皮 15 克、餡 10 克），可製作 60 個

餃皮（燙麵）
高筋麵粉 500 克、豬油 80 克、沸水 320 克
內餡
雞蛋 5 個、蔥白 25 克、薑末 10 克、鹽 10 克、韭菜 150 克、豆干 100 克、蔥花 50 克、雞粉 10 克、冬粉 50 克

作　法

01　製作內餡：冬粉泡水 30 分鐘，待泡軟後切細段。

02　雞蛋打散下鍋炒熟為蛋皮，切碎為蛋碎備用。

03　韭菜洗淨後濾乾水分，切成細段為韭菜段（勿剁，會使韭菜出水）。

04　青蔥洗淨後濾乾水分，將蔥白與蔥分開，並分別切碎為蔥白末及蔥末。

05　豆干切絲後切成細丁狀為豆干丁；薑先切絲再切碎為薑末。

06　鍋中放入蛋碎、豆干丁、蔥白末、雞粉、冬粉、薑末、醬油拌炒為內餡。

07　包餃子前再將內餡加入鹽、蔥末拌均勻（太早拌入內餡中會出水）。

08　製作餃皮：攪拌缸中倒入高筋麵粉、豬油，先加入 2/3 的沸水量攪拌均勻。

09　剩餘 1/3 的水量分三次加入缸中（調節麵粉的軟硬度）繼續攪拌成麵團。

10　取出麵團，手揉至麵團表面光滑細膩，覆蓋保鮮膜醒麵 20 分鐘。

11　醒麵後的麵團揉成長條，再用手捏斷成每個 15 公克的小麵團。

12　小麵團以手輕壓後，以擀麵棍擀成圓薄形（四周薄中心厚）餃皮，包入內餡（約 10 克）。

13　包入內餡的餃皮包成半圓形，從旁邊開始摺出紋路為餃子。

14　待餃子全部包完，鍋中倒入沙拉油加熱至 160 度。

15　餃子入鍋油炸，先開小火慢慢炸，再轉中火炸至呈金黃色即可。

自製醬料

1. 蒜頭沾醬：蒜頭搗碎加入香油及澄醋拌勻。

2. 蒜頭油（100 克）：鍋中倒入沙拉油 100 克加熱，放入蒜頭 60 克炸至金黃。

＊食用時可依各人喜好看要沾醬或蒜頭油

麻豆碗粿

麻豆不只文旦出名，碗粿也非常受人喜愛，記憶中的碗粿很軟Q，溫潤的口感暖心又暖胃！

每個 500 克，可製作 10 碗

材　料

米漿

在來米 650 克、太白粉 250 克、冷水 1200 克、沸水 3000 克、雞粉 12 克、鹽 7 克

肉餡

豬絞肉 600 克、豬油 75 克、紅蔥頭 150 克、鹽 5 克、雞粉 10 克、五香粉 5 克、雞蛋 5 個、乾香菇 5 朵

作　法

01　製作米漿：在來米洗淨後，以水浸泡 4 小時。

02　取出浸泡的在來米，濾乾水分倒入磨豆機中，加水磨成米漿。

03　鍋中倒入米漿，加入太白粉攪拌均勻。

04　將沸水 3000 克倒入米漿中拌勻，加入鹽、雞粉攪拌。

05　開中火攪至米漿鍋底略感沉重即可熄火，續拌至濃稠為米漿糊。

06　製作內餡：紅蔥頭洗淨後切片。

07　炒鍋中放入紅蔥頭片、豬油爆香，加入豬絞肉、鹽、雞粉拌炒至收汁為肉臊。

08　雞蛋煮熟後去殼，切半。

09　乾香菇泡水膨脹後，切半。

10　將米漿糊裝入碗中，表面盛上肉臊、香菇、雞蛋。

11　以大火蒸 1 小時即為碗粿。

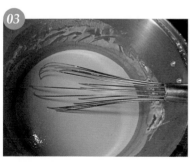
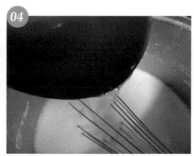
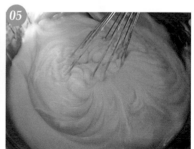

第六章 / 其他

本篇集結古早味糕餅中不可或缺的甜食、飲品，與老師傅不藏私實用的綠豆粉／餡、春捲皮製法，且特別收錄已經瀕臨失傳的「古早的魔芳」，藉此希望讓傳統的好味道可以永遠流傳。

元宵圓（芝麻湯圓）

元宵節前夕自家人動手做元宵圓，既歡樂有趣又吃得安心，何樂而不為！

🥤 每顆 12 克，可製作 27 顆

材 料

芝麻內餡

A　黑芝麻粉 50 克、糯米粉 60 克、糖粉 150 克

B　豬油 40 克、水 25 克

元宵粉

C　糯米粉 150 克、水 100 克

D　糯米粉 80 克

作 法

01　製作芝麻內餡：先將 A 材料過篩置於盆中，加入 B 材料攪拌均勻成團，搓圓成每個約 12 克的圓球。

02　製作元宵粉：取一鋼盆，將 C 材料攪拌成團，加入 D 材料攪拌均勻成濕粉。

03　濕粉放入篩網中過篩即為元宵粉。

04　芝麻內餡放入濾網中沾些水，再倒入拌好的元宵粉堆中。

05　用竹篩 (米胎) 來回轉動將芝麻團沾裹元宵粉，滾圓為元宵。

06　如覺元宵太乾不易吸粉可再噴些水，來回滾動至兩倍大即完成。

Tips　滾好的元宵如果易裂，即表示餡太乾燥或元宵粉太乾需再噴些水調整。

平安龜

每年農曆 3 月 3 日為玄天上帝的生日，信眾會用鳳片粉做成烏龜狀，供大家祈福食用，以求平安，明年再加倍奉還。而烏龜背上花紋的由來，傳說是牠爬過中國 13 省，所以留下 13 省份的格子。

每隻 113 克，可製作 6 隻

材　料

糖清仔 500 克（特砂糖 600 克、麥芽糖 75 克、水 225 克）、鳳片粉 200 克、香蕉油少許（可加可不加）

作　法

01　製作糖清仔：鍋中放入糖清仔材料及香蕉油，以中火煮至糖溶化即可熄火，放涼備用為糖清仔。

02　盆中放入糖清仔、鳳片粉攪成糊狀為粉糊。

03　粉糊靜置 20 分鐘後，加入糖清仔 30 克攪拌均勻，再加入糖清仔 40 克拌勻為鳳片糕。

04　拌勻後的鳳片糕倒在鋪有鳳片粉的料理台上。

05　以手將鳳片糕揉至光滑，分割成每個 113 克的鳳片糕團。

06　將每個鳳片糕團再次揉光滑，裝入龜模中壓平倒扣出烏龜形狀。

07　烏龜表面可依其紋路畫紅線為裝飾。

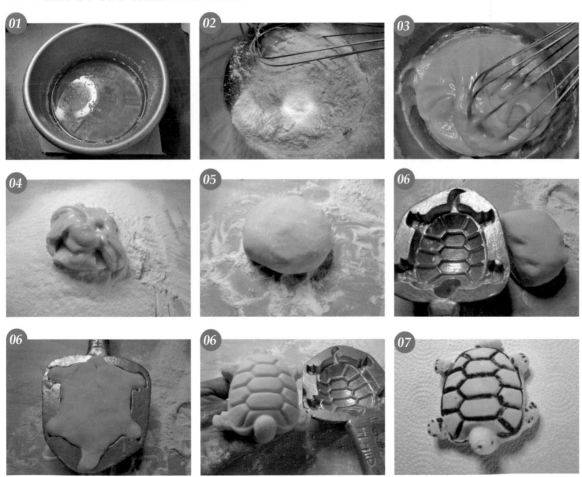

Tips　注意本品不能加水，會愈加愈硬到最後過硬而失敗，所以只能加糖清仔才會 Q 軟。

傳統年糕

樸實的年糕散發著淡淡的糯米香，過年過節總是家家戶戶應景的吉祥食物之一。

每個 2 斤（1200 克），可製作 15 個

材 料

圓糯米 1 斗（約 6900 克）、特砂糖 4800 克

作 法

01 糯米洗淨，浸泡於水中 4 小時（冬天浸泡 6 小時）。

02 取出浸泡後的糯米，濾乾水分倒入磨豆機中 (磨豆機出口需先以大鐵夾夾住過濾袋)，加水磨成漿為糯米漿。

03 將裝滿糯米漿的過濾袋口綁緊，上面用裝有水的容器或石頭壓乾。

04 壓乾後取出過濾袋中的糯米粉團，倒入攪拌缸中。

05 先攪拌至糯米粉團不黏缸，再分次加入特砂糖攪拌，當全部拌均勻後會變成糊狀，為年糕糊。

06 年糕糊全部倒入鋪有粿巾的蒸籠中，四周並放上四個透氣孔 (分兩層蒸年糕較易熟)。

07 先用大火蒸，待蒸籠蓋冒出煙後轉中火蒸 2 小時 (蒸籠蓋上放一滴水容器，關小水滴以防水蒸乾)。

08　此時年糕已蒸熟，只是色澤還很白，將上下層對換，再蒸 1 小時，使色澤更深些。

09　用筷子插入年糕中，如不黏筷即熟成。

10　用兩支鍋鏟將年糕挖入已鋪有玻璃紙的圓模中。

11　完成後，再用中火蒸一下至表面光滑。

[　**年糕的由來**　]

年糕已有兩千多年的歷史，相傳為戰國時代伍子胥所發明，因為當時他發現吳王驕奢好色、狂妄自大，終有一天會亡國，因此就吩咐手下用糯米做了很多年糕磚埋在城下三尺，並且交代親信，如有一天國家滅亡人民斷糧，請在城下挖出年糕磚。後來得救的人民為感念他的忠貞，在春節這天每一家都吃年糕，此項習俗傳遍各地，保留至今。

紅豆年糕

農曆新年應景必吃的紅豆年糕，嘗一口，新的一年步步高升。

每個 2 斤（1200 克），可製作 15 個（直徑 16 公分 × 厚度 2 公分）

材　料

圓糯米 1 斗（約 6900 克）、二砂糖 6 斤（約 3600 克）、甘納豆 2 斤（約 1200 克）

作　法

01　糯米洗淨，浸泡於水中 4 小時（冬天浸泡 6 小時）。

02　取出浸泡後的糯米，濾乾水分倒入磨豆機中（磨豆機出口需先以大鐵夾夾住過濾袋），加水磨成漿為糯米漿。

03　將裝滿糯米漿的過濾袋口綁緊，上面用裝有水的容器或石頭壓乾。

04　壓乾後取出過濾袋中的糯米粉團，倒入攪拌缸中。

05　先攪拌至糯米粉團不黏缸，再分次加入二砂糖攪拌，當全部拌均勻後會變成糊狀。

06　攪拌缸中倒入甘納豆繼續攪拌均勻為生紅豆年糕。

07 生紅豆年糕全部倒入鋪有粿巾的蒸籠中，四周並放上四個透氣孔（分兩層蒸年糕較易熟）。

08 先用大火蒸，待蒸籠蓋冒出煙後轉中火蒸 2 小時（蒸籠蓋上放一滴水容器，關小水滴以防水蒸乾）。

09 此時年糕已蒸熟，只是色澤還很白，將上下層對換，再蒸 1 小時，使色澤更深些。

10 用筷子插入年糕中，如不黏筷即為紅豆年糕。

11 用兩支鍋鏟將紅豆年糕挖入已鋪有玻璃紙的圓模中。

12 完成後，表面再撒上些許甘納豆，放置冷卻即可。

Tips 1 斗糯米泡水磨漿壓乾之後約有 20 斤左右，如用 2.4 尺蒸籠只用一層蒸年糕即可，如用 2 尺的蒸籠則需使用兩層蒸年糕較易熟；若分兩層蒸，則糖量也需分半，即每層糖 3 斤。

小窩頭

令慈禧太后愛不釋口的平民小點，可依個人口味搭配不同的餡料。

每個 40 克，可製作 12 個

＊本書食譜為改良後的材料、作法。

材　料

綠豆粉 40 克、中筋麵粉 260 克、黑糖 30 克、可可亞粉 3 克、乾酵母 3 克、水 150 克

作　法

01　攪拌缸中放入所有材料攪拌均勻成麵團。

02　取出麵團放於料理台上，手揉至表面光滑不黏手，靜置 20 分鐘。

03　以橡皮刮刀分割成每個 40 克重，搓揉成圓球。

04　每個圓球麵團用手捏成上尖下圓（約 1 吋大小），底部用大拇指挖空，捏成中空的形狀。

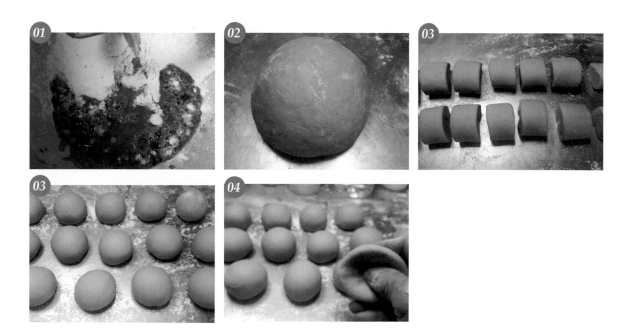

06　將成型的麵團放在模型上預防發酵後密合，靜置 30 分鐘。

07　放入蒸籠（蒸籠先鋪上蒸籠紙），以大火蒸 12 分鐘即成。

08　趁熱取出模型即成中空的窩頭，品嘗時可隨意放入自己喜好的食物。

[小窩頭的由來]

傳統的小窩頭較為乾硬，須趁熱吃冷後會變硬，時至今日只有北京還留著傳統作法，其它省市大都改成饅頭式的作法，因為此方法好做又好吃也不會變硬。

傳統食材：玉米粉 200 克、黃豆粉 40 克、糖 20 克、小蘇打粉 3 克、中筋麵粉 50 克、水 170 克。

雙胞胎

油炸麵食改良而成，因由兩個麵團連在一起而被戲稱為雙胞胎，又稱兩相好。

材　料

中筋麵粉 400 克、高筋麵粉 200 克、細砂糖 100 克、乾酵母 6 克、無鋁泡打粉 6 克、牛奶 150 克、雞蛋 2 個、水 70 克、糖餡（糖粉 60 克、水 40 克、低筋麵粉 15 克）

作　法

01　鍋中放入糖餡材料，混合拌勻成糊狀為糖餡。

02　攪拌缸中放入糖餡除外的所有材料，混合攪拌至成光滑不沾缸的麵團。

03　取出麵團放於容器中，室溫下靜置 30 分鐘。

04　將麵團以手輕拍扁，用擀麵棍擀成 1.5 公分厚的麵皮。

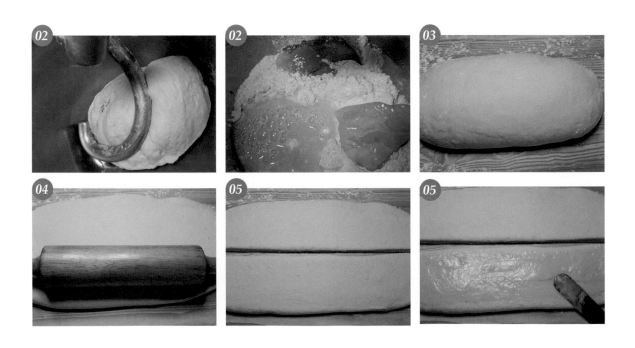

05 用刀將麵皮切成兩半，下面一半抹上糖餡，疊上另一片麵皮，切成每片長 4 公分 × 寬 8 公分的長方片。

06 再將長方片對切成菱形，最後從對角再對切成兩半為雙胞胎，靜置 20 分鐘。

07 取一鍋倒入油加熱至 150 度，放入雙胞胎炸至兩面呈金黃色。

Tips

1. 作法05中為了避免切口擠入時變形，採用雙刀法，即先切成4×8的長方形後再對切成菱形，再從菱形對切翻開成菱角形。

2. 早期製作雙胞胎加入大量的助酵劑如燒明礬、碳酸氫銨、小蘇打粉等，炸好的成品有很濃厚的鹼粉味，需等冷卻後才會逐漸退去。本品為改良後的雙胞胎，沒有大氣泡及刺鼻味，只保留了鬆軟及咬勁。

古早味甜甜圈

別於口味造型多變的甜甜圈，早期的甜甜圈僅是將炸好的麵包上裹上一層糖衣，簡單樸實的美味。

每個 80 克，可製作 12 個

材 料

中筋麵粉 600 克、細砂糖 60 克、鹽 3 克、水 170 克、酵母粉 6 克、雞蛋 100 克（約 2 個）、
無水奶油 60 克、表面裝飾拾魯米日（軟式糕仔糖）

作 法

01 所有材料放入攪拌缸中以慢速拌打成團。

02 再將攪拌器轉至中速拌打至麵團光滑不黏缸。

03 取出麵團放於料理台上靜置 10 分鐘。

04 取擀麵棍將麵團擀成厚度 1 公分的麵皮。

05 甜甜圈麵團成型方法

05-1 以甜甜圈模在麵皮上印出中空圓形，壓扁從中開挖洞向四周擴大成中空狀。

05-2 將麵皮分切小塊（每個 60 克重），以手搓成長條形，繞一圈頭尾接合成中空狀。

06 甜甜圈麵團靜置 20 分鐘。

07 先熱油鍋至 160 度，放入甜甜圈麵團，用鐵夾在麵團中間滾動，使圓孔擴大。

08 當麵團底部著色時翻面，炸至兩面呈金黃即可撈起。

09 全部炸完後放至室溫下冷卻。

10 拾魯米日以隔水加熱方式融化為糖霜液。

11 將放冷的甜甜圈表面裹上糖霜液，待冷卻後表皮糖霜呈乾涸。

12 裝入塑膠袋避免受潮生溼。

製作拾魯米日（軟式糕仔糖）

材料：特砂糖 1800 克、麥芽糖 225 克、水 450 克

作法：

01 材料放入鍋中拌勻，開大火煮沸，鍋中出現大泡泡後轉中火，鍋邊需用刷子輕刷
以防糖反砂（過程中，糖漿的泡泡會變小且逐漸濃稠）。

02 溫度約達 96 度即熄火，或是把糖漿滴入水中，當糖漿變成水軟式的糖塊，形似
棉花即可。

03 在糖漿表面噴水以防結塊，靜置 30 分鐘。

04 當糖漿溫度降至 50 度，用鍋鏟輕撥會出現波紋，在表面噴水，趁熱用鍋鏟由中
間開始攪動。

05 糖漿顏色由黃變白後，要繼續攪動到完全變白、變軟才能停止，否則會變硬塊。

[甜甜圈的由來]

相傳甜甜圈是十七世紀荷蘭移民帶入美國的食物，早期的甜甜圈中間並沒有洞，是由甜麵團搓成圓形放入熱鍋以豬油炸熟的油炸圓餅，直到十八世紀末期才改為有孔洞，也逐漸普遍受人喜愛。

蘋果麵包

沒有蘋果的蘋果麵包盛行於一九六〇年代，是以雞蛋為主，改良美式口糧而成的點心。

每個 50 克，可製作 20 個

材　料

中筋麵粉 300 克、低筋麵粉 300 克、牛奶 100 克、蘋果牛奶 200 克（或蘋果汁 190 克 ）、
細砂糖 80 克、酵母粉 6 克、鹽 7 克、雞蛋 2 個、奶油 100 克

作　法

01　攪拌缸中放入所有材料，拌打均勻至光滑不黏缸為麵團。

02　取出麵團用擀麵棍擀成麵皮，約 0.5 公分厚；也可用壓麵機壓成 0.5 公分的長條狀。

03　刀子切割麵皮，切成長 9 公分 × 寬 8 公分的長方形，再刻出「廿」字型；也可用印模於
　　麵皮上印出長方形，排放至烤盤上。

04　最後在每張長方形麵皮中間以竹籤叉小洞，表面塗上奶水。

05　送進烤箱，以上下火各 170 度烤 10 分鐘。

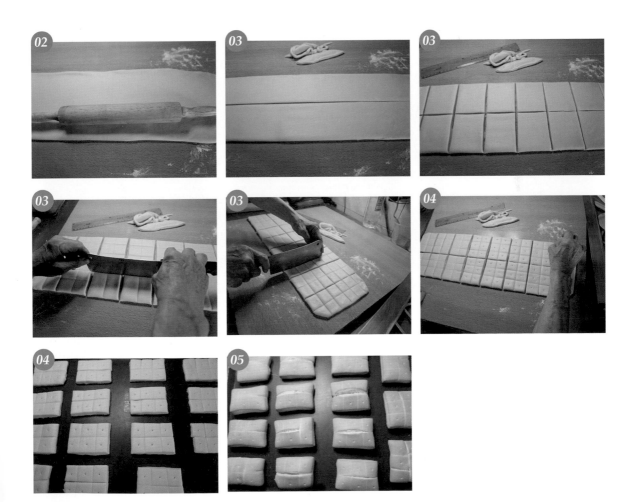

古早的魔芳

魔芳是早期台灣於農曆七月祭拜好兄弟的重要祭品，它有綿密的口感及芬芳的發酵味，實在令人懷念！

此品無固定的份量，是以成功與否決定！只能建議試蒸時先用 30 克蒸 7 分鐘（試蒸的麵團不必太大，節省時間及瓦斯），試蒸成功再改用 75 克蒸 12 分鐘。

材　料　*此為 7 天的總量，實際份量請依據天數所需份量製作。

低筋麵粉 2400 克、水 1200 克、糖粉 1350 克、鹹水 30 克（鹹油 10 克與水 30 克混合）、低筋麵粉 600 克（手粉用）

作　法　*上午下午約隔 12 小時

第一天 上午「培菌」，低筋麵粉與水各 300 克。

01　養酵母。將低筋麵粉與水拌勻用打蛋器打約 5 分鐘，早晚各打 1 次至起泡。假如攪拌不足會粉水分離，水浮上麵粉沉澱，需加麵粉重新打至起泡。

第二天 上午「養菌」，低筋麵粉與水各 300 克。

02　粉漿未見起色，重複第一天的作法，如遇粉水分離，攪拌時需多拌打數次至出現大泡泡。

第三天 上午「活菌」，低筋麵粉與水各 300 克。
**　　　 下午「活菌」，低筋麵粉與水各 300 克。**

03　粉漿略有酸味呈黏稠狀，出現發酵現象，如遇此情況可直接跳到第四天的作法；若未發酵完成，再重複第一天的作法（上下午各一次），以防麵糊老死。

第四天 上午「只加麵粉、水」，低筋麵粉 300 克。
**　　　 下午「再加麵粉會有感」，低筋麵粉 300 克。**

04　粉漿已發酵完成，可直接加入過篩的低筋麵粉，勿加水，麵糊呈膏狀。

05　下午再加一次低筋麵粉，已變成海綿狀的麵團，需蓋濕布防結巴。

第五天 上午「麵團略硬而發酵」，低筋麵粉 300 克。
下午「麵團變硬而大發」，低筋麵粉 300 克。

06　打開濕布如表皮有結巴應立即取掉，其為結粒的源頭，不清除會變小硬塊。

07　上午加入低筋麵粉拌勻蓋上濕布，下午再加入低筋麵粉拌勻。此時麵團已略硬，可用塑膠袋包好，較不易結巴。

第六天 上午「硬度以違」，低筋麵粉 300 克。
下午「加糖後成膏漿」，糖粉 40 兩（1500 克）。

08　上午加入過篩的低筋麵粉拌勻，用塑膠袋包裹麵團。

09　下午再度取出麵團揉至光滑 (不需加麵粉)，分割成每團 3 斤（1800 克），每斤（600 克）加入 6 兩（225 克）糖粉共 18 兩（675 克），分三次加入才不會結粒。

10　麵團放入白鐵鍋中放入 6 兩（225 克）糖粉用壓翻的方法壓勻，勿用攪拌方式會造成軟筋、出筋的現象，它會拉住麵團的筋性不易擴展。當糖粉快被麵團吸收時會出現水分，這時再放入第二次糖粉，至快被吸收時麵團會變軟，再放入第三次糖粉，壓勻後麵團呈膏狀，蓋上保鮮膜。

第七天「先試蒸後完成」，成品製作。

11　早上先取一鍋麵糊加入 30 克的鹼水（這只是參考值無法固定比例，每種鹼油鹼性不一，每個人製做酸度也不同，要先試好後再做）拌勻後倒入過篩的低筋麵粉 600 克的粉堆中（中間挖空），由旁邊慢慢撥入壓均勻，低筋麵粉不要全部拌完，壓至如同麻糬般的軟度。

12　取一小塊麵團搓圓放入烤箱中烤熟，扒開看裡面的顏色，如是灰色有酸味表示鹼水不足，需再拌入一些鹼水；如黃色有薰味即表示鹼水過多，需倒入清醋以破解。

13　切兩小塊麵團放入蒸籠試蒸，測試是否有抬頭，如有就可繼續做，每塊切 2 兩。切的時候要注意，因為麵團很軟，如用同一方向切會扁掉，需左右來回滾動保持圓柱形，切好後立即放入蒸籠，待滿籠就可移入鍋中以大火蒸 12 分鐘 (不能蒸太久會變黃，這是鹼水的反應)。

14　試蒸時是灰色，只有裂開沒有抬頭，表示鹹水不足，需再加入鹹水壓均勻重新再試一次；如果是黃色有鹹香味，只有裂開沒有抬頭，表示加入糖粉時攪拌過久變成軟筋，筋性牽住麵團無法抬頭，鹹水適中才可使蒸熟的魔芳呈現抬頭狀。

製作魔芳的成敗關鍵

 失敗　　　　　　　　　　　　　　　　　　　✔ 成功

鹹水嚴重不足　　　　　　鹹水不足　　　　　　　　鹹水適中試蒸成功

鹹水不均出現黑點　　　　鹹水過多變黃　　　　　　用壓的方式和麵

鹹水嚴重過多像鹼粽　　　不能用揉的方式和麵　　　手指用力按壓深陷不浮才能做

  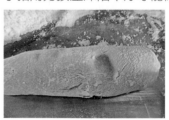

手指用力按壓立即浮起表示出筋

 Tips

1. 無論加入糖粉或最後階段加入麵粉均需用壓的方式，不能用揉，也不能使用攪拌機，兩者皆會使麵團出筋，無法完成製作魔芳，使7天培養酵母前功盡棄。
2. 加入鹹水時需邊加邊聞邊試，以防鹹水過量或不足，只有鹹水適中時成品才會抬頭，像野柳女王頭一樣漂亮。
3. 出筋就是麵團出現彈性，用手按壓會很快浮出或彈起這是失敗品無法製做。
4. 鹹粉現今已標示為無水碳酸氫鈉。

自製綠豆粉

老師傅不藏私的自製綠豆粉方法，找回古早味綠豆粉的濃醇香好味道！

可製作 300 克

材 料

綠豆仁 300 克

作 法

01　綠豆仁洗淨，以水浸泡 4 小時至完全膨脹。

02　將膨脹的綠豆仁濾乾水分，放入蒸籠（蒸籠中需先鋪上蒸籠布），以大火蒸 40 分鐘至熟（以手輕捏綠豆仁，如捏碎即蒸熟）。

03　熟綠豆仁倒在料理台上，用擀麵棍碾碎，放入粗篩網中過篩。

04　過篩後倒入炒鍋中，先以中火炒至略乾後轉小火。

05　續炒至綠豆仁變金黃色，呈細沙狀後熄火（勿炒過頭，會使綠豆仁變乾硬）。

06　炒至金黃的綠豆仁先用粗篩網過篩一次，再用中篩網過篩一次，完成即為細緻的綠豆粉。

自製綠豆餡

自己做綠豆餡可依喜好加入不同餡料，少油少糖，健康美味更加分！

可製作 1200 克

材　料

綠豆仁 600 克、特砂糖 200 克、花生油 150 克

作　法

01　綠豆仁洗淨，泡水 4 小時，待膨脹後濾乾水分，放入蒸籠蒸 30 分鐘至熟成為綠豆沙（如可用手揉碎表示綠豆已熟）。

02　取出綠豆沙，趁熱用粗篩網過篩，全部放入鍋中先炒乾。

03　取一半的綠豆沙加入特砂糖拌勻，待糖融化後加入花生油續拌至略為收汁。

04　鍋中再倒入剩餘的綠豆沙，攪拌均勻為綠豆餡。

05　綠豆餡放入盤中，表面塗上花生油以防風乾。

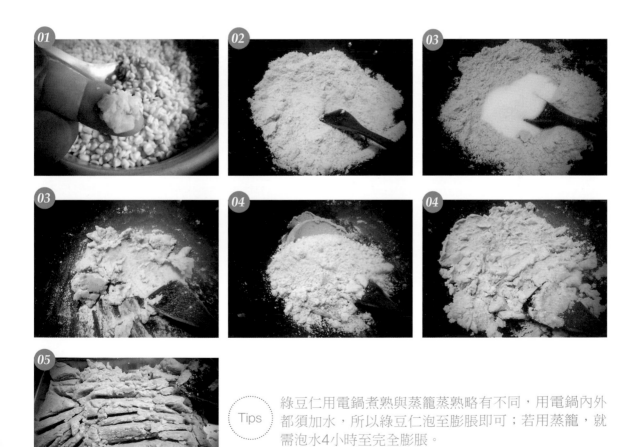

Tips　綠豆仁用電鍋煮熟與蒸籠蒸熟略有不同，用電鍋內外都須加水，所以綠豆仁泡至膨脹即可；若用蒸籠，就需泡水4小時至完全膨脹。

春捲皮（營業版）

只要一只平底鍋，就能製作口感軟Ｑ，散發淡淡麵粉香的春捲皮。

每張 30 克，可製作 90 張

材　料

高筋麵粉 1800 克、鹽 35 克、水 1600 克

作　法

01　攪拌缸中倒入高筋麵粉、水 1400 克、鹽，以慢速攪拌均勻。

02　將攪拌機轉 2 檔以中速續攪拌 5 分鐘，再轉 3 檔以高速攪拌至麵糊光滑不黏缸。

03　取出麵糊放入鋼盆中，麵糊表面倒入水 200 克以防表皮乾涸，覆蓋上保鮮膜冷藏一晚。

04　準備厚鐵板開中火預熱約 20 分鐘，待達溫度 100 度時轉小火保溫。

05　鐵板表面擦點油再用布擦乾，避免因過油使麵糊無法黏板。

06　抓起一把冷藏後的麵糊，將麵糊抓出筋性。

07　在鐵板上點一下以試爐溫，當爐溫正常時就可開始擦麵皮。

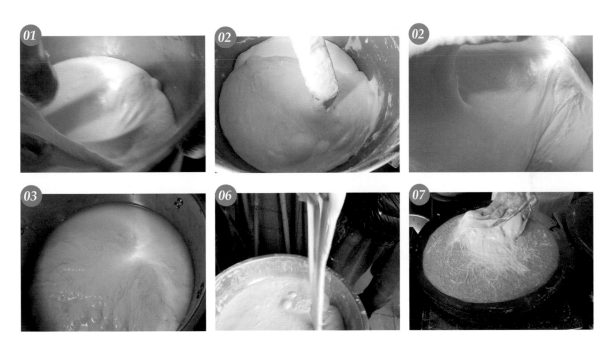

 Tips

1.作法03中若麵糊沒有靜置會被筋性綁住，麵糊會顯厚，所以需要靜置。

2.作法04中以中火預熱只需20分鐘即可到達溫度100度，若全程以小火預熱需30分鐘才能到達100度。溫度達100度時為最理想的擦拭麵皮溫度；若95度溫度稍弱，麵皮表皮會黏在鐵板上；若達105度溫度太高，麵皮表皮無法黏在鐵板上。

3.作法06中，若餅皮慢慢翹起表示爐溫剛好，若很久才翹起表示爐溫還不夠，若馬上翹起表示爐溫過熱。

08　右手抓起麵糊，先在空中彈幾下，待產生彈性後將五指伸直，略為用力將麵糊控制在掌心中，在平底鍋面上搓一圈，使麵皮又薄又圓。

09　當麵皮從鍋邊四周翹起時就可撕下即為春捲皮，放於室溫下冷卻。

10　完成的春捲皮依先後次序排放，避免相互黏著。

11　春捲皮最上層需蓋上一層布以防風乾。

12　重複作法 08、09 至麵糊擦完為止。

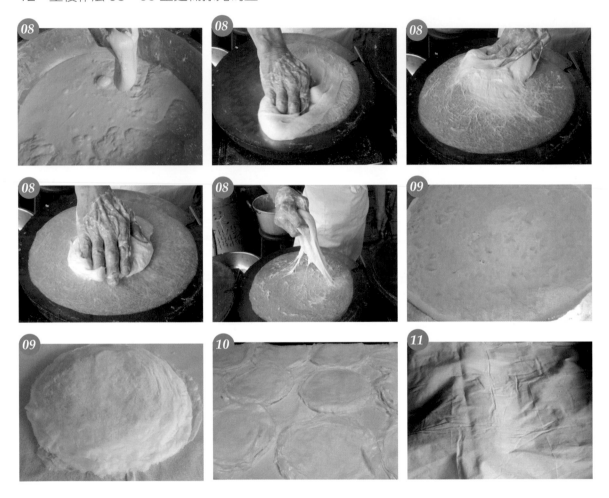

Tips

1. 麵糊會因過熱而失去彈力無法繼續擦麵皮，所以需留一些麵皮，待冷藏後才能恢復彈性。

2. 鐵板的厚薄與爐火的冷熱對春捲皮有關鍵的影響。最好使用3公分厚的鐵板，較能保溫不必時常調整火力；鐵板太薄容易過熱，春捲皮不易黏著；太冷，春捲皮易黏著不易翹起。

3. 麵糊的軟硬度也直接影響春捲皮的厚薄度。麵糊太硬會牽制擦麵皮的動作，使春捲皮不易搓開，被筋性綁住會顯厚；麵糊太軟，春捲皮易拉開而顯薄。

4. 家用與營業用作法不同之處在於，家用版是直接將水加到飽就可擦麵皮，麵糊不必等也不必靜置。

春捲皮（家庭版）

 每張 25 克，可製作 50 張

材　料

高筋麵粉 600 克、鹽 12 克、水 700 克

作　法

01　攪拌缸中倒入高筋麵粉、水、鹽，以慢速攪拌均勻為麵糊。

02　將攪拌機轉 2 檔以中速續攪拌 5 分鐘，再轉 3 檔以高速攪拌至麵糊光滑不黏缸。

03　取出麵糊放入鋼盆中，於室溫下靜置約 20 分鐘使其鬆弛。

04　取一只平底鍋或不沾鍋，開小火預熱，鍋面擦點油再用布擦乾，避免麵糊因過油而無法黏板。

05　抓起一把鬆弛後的麵糊，在平底鍋上沾點一下測試爐溫。

06　當爐溫正常時就可開始擦麵皮。

07　右手抓起麵糊，先在空中彈幾下，待產生彈性後將五指伸直，略為用力將麵糊控制在掌心中，在平底鍋面上搓一圈，使麵皮又薄又圓。

08　當麵皮從鍋邊四周翹起時就可撕下即為春捲皮，放於室溫下冷卻。

09　完成的春捲皮依先後次序排放，避免相互黏著。

10　春捲皮最上層需蓋上一層布以防風乾。

11　重複作法 07、08 至麵糊擦完為止。

 Tips
1.爐溫不夠需等一下再擦麵皮；爐溫過熱先將火熄掉，稍待片刻再開火。
2.若餅皮慢慢翹起表示爐溫適中；若一段時間後才翹起表示爐溫還不夠；而馬上翹起表示爐溫過熱。

〔 春捲的由來 〕

春捲的由來有許多傳說，有一說是春秋時代晉文公為追思賢者介子推將這天訂為寒食節；也有相傳為太平天國時期土匪作亂，由於兵荒馬亂，沒時間準備祭品，於是將所有食物捲進麵皮中，以此祭墓；更有人說起源於唐代至今已一千二百多年歷史，當時稱為春繭，是一種長型的白饅頭裡面包肉或素餡，因為狀似繭所以有此命名，又因繭與捲同音，所以後人稱為春捲。

杏仁茶

杏仁茶具有潤肺止咳的功效；濃香的熱杏仁茶與
油條為早期沿街叫賣的古早味點心。

每杯 360 克，可製作 7 杯

材 料

南杏 150 克、蓬萊米 60 克、水 2300 克、特砂糖 130 克

作 法

01　南杏以清水沖洗濾乾，放入烤箱以上下火各 200 度烤 15 分鐘，烤乾即可取出放於室溫下冷卻備用。

02　蓬萊米洗淨，以水浸泡 2 小時，濾乾水分備用。

03　將南杏與蓬萊米一起放入磨豆機中，加水 1000 克磨成漿為杏仁漿。

04　取另一鍋，倒入水 1300 克及特砂糖煮滾。

05　將作法 04 煮滾的糖水糖漿倒入杏仁漿續煮，拌勻至再次煮滾成濃稠狀即可熄火。

果汁機也可製作出濃醇杏仁茶

作法：

01 南杏以清水沖洗濾乾，放入烤箱以上下火各 200 度烤 15 分鐘，烤乾即可取出放於室溫下冷卻備用。

02 蓬萊米洗淨，以水浸泡 2 小時，濾乾水分備用。

03 將南杏與蓬萊米一起放入果汁機中，加水 800 克攪打成漿為杏仁漿。

04 取一鍋，倒入水 1500 克及特砂糖，煮滾。

05 作法 04 煮滾的糖水鍋中倒入杏仁漿續煮，拌勻至再度煮滾成濃稠狀，續攪拌 3 分鐘讓稠度更為穩定，即可熄火。

米漿

充滿米香味的米漿，來上一杯，讓你營養滿分，活力滿滿。

每杯約 360 克，可製作 10 杯

材　料

A　花生 120 克、蓬萊米 120 克、水 1300 克
B　水 2000 克、二砂糖 250 克

作　法

01　蓬萊米洗淨，以水浸泡 2 小時；花生放入小烤箱以上下火各 250 度烤 20 分鐘，取出放涼備用。

02　將蓬萊米與烤好的花生放入磨豆機中，加水 1300 克磨成漿，為米漿。

03　取一大鍋放入水 2000 克，開大火煮沸，加入二砂糖再煮沸。

04　慢慢將米漿倒入大鍋中，並不停攪拌以防鍋底燒焦。

05　直至米漿泡沫變細小慢慢浮起時再熄火。

06　熄火後用細篩網過濾一次，濾掉雜質。

Tips　若選用黑花生製作米漿，建議黑花生要現烤現磨比較香。作法為將生的黑花生放入小烤箱，以上下火各 250 度烤 25 分鐘，勿烤太黑，會顯苦味；但也不能太白，花生無香味。

以果汁機製作米漿

01 蓬萊米洗淨，以水浸泡 2 小時備用；花生放入烤箱烤至略為焦黑，放涼。

02 蓬萊米與烤好的花生放入果汁機中，加水 800 克攪打成漿為米漿。

03 取一大鍋放入水 2500 克，開大火煮沸，加入二砂糖再煮沸。

04 慢慢將米漿倒入大鍋中，並不停攪拌以防鍋底燒焦。

05 直至米漿泡沫變細小慢慢浮起時再熄火。

〔 **米漿的由來** 〕

米漿也是最早出現在家庭中的米食，常被拿來做充飢果腹的點心，有時侯也會用現成的糕仔泡成米糊來代替，做為嬰兒的奶品，因為取材容易幾乎是家家必備，所以古早的街頭叫賣很少有米漿此品項。

豆漿

以黃豆研磨成漿的飲品，營養價值滿分，自製豆漿不僅喝到濃醇豆香，更替健康把關！

每杯 360 克，可製作 10 杯

材　料

非基因改造黃豆 600 克、特砂糖 200 克、水 3000 克

作　法

01　將黃豆洗淨後浸泡於水中（用 3 倍的水浸泡 4 小時以上，冬天則須 6 小時以上），徹底泡軟。

02　泡軟的黃豆濾乾水分，放入磨豆機中，加水 3000 克磨成漿。

03　磨成漿後放入脫渣機中將豆渣濾乾為豆漿。

04　豆漿放入鍋中，開大火煮至冒煙。

05　放入特砂糖繼續煮滾。

06　見豆漿表面逐漸由大泡泡變小泡泡且開始冒煙即是將滾的前兆。

07　當小泡泡逐漸上升即豆漿滾開之時，這時才能關火。

08　再次使用濾網過濾，以確保豆漿清澈。

[如何分辨市面上基因改造及非基因改造的黃豆]

• **外觀**
基因改造黃豆：外觀暗黃，呈橢圓或扁圓形。
非基因改造黃豆：外觀明黃，呈圓形顆粒飽滿。

• **煮成豆漿後的口感**
基因改造黃豆：沒有豆漿應有的豆香味，放久會沉澱且有沙沙的口感。
非基因改造黃豆：在煮的過程會聞到豆漿的豆香味，且沒有沉澱的問題，口感滑溜好入喉。

後 記

這本書集結從我當學徒時的手抄本及開店時的記事本兩者合併而成。事隔四、五十年，有些已經消失得看不見，有些至今還保留著，但並不表示它是近代的產物，只因有些是被習俗留下來（如春捲皮、端午粽、七夕油飯、元宵圓、年糕……），有些是因深受歡迎而留下來（如脆皮泡芙、豆漿、米漿、杏仁茶、海綿蛋糕……）。

寫這本書時也發生了幾個趣聞，因為年代已久遠，字跡都已褪色得無法辨認，紙張也無法保存，拿到那裡就掉到那裡，因此有些材料與品項竟然兜不攏，變成張冠李戴，搞了老半天才分清楚。

在前一本《懷舊糕餅90道》中有一道「古早的魔芳」，因為難度太高，有些人都做到一半就放棄，所以有很多讀者希望我在第二本書時能否更加詳細的再寫一遍，因此在這本書裡又重複的加入了這一道，以更詳盡的文圖及解說，希望大家能有所進步！

原先預計寫入玩偶人生及唱片餅，玩偶人生就像小時侯玩泥巴捏土偶的情景；唱片餅是六、七〇年代流行的唱片巧思，兩款都屬有點手工的技巧，因此把它移入下一本有手藝專輯的《懷舊糕餅3》（暫名）， 這是一部日人留下的手藝以及早期船家的點心。

懷舊糕餅 2
再現 72 道古早味

國家圖書館出版品預行編目 (CIP) 資料

懷舊糕餅 2：再現 72 道古早味／呂鴻禹著；
楊志雄攝影 . -- 初版 . -- 臺北市：橘子文化，
2016.09
　面；公分
ISBN 978-986-364-093-6（平裝）

1. 點心食譜
427.16　　　　　　　　　　　105015697

作　　者	呂鴻禹
步驟攝影	呂鴻禹
攝　　影	楊志雄
編　　輯	吳孟蓉
美術設計	劉錦堂、侯心苹
發 行 人	程安琪
總 策 劃	程顯灝
總 編 輯	呂增娣
主　　編	徐詩淵
編　　輯	吳雅芳、黃勻薔
	簡語謙
美術主編	劉錦堂
美術編輯	吳靖玟、劉庭安
行銷總監	呂增慧
資深行銷	吳孟蓉
行銷企劃	羅詠馨
發 行 部	侯莉莉
財 務 部	許麗娟、陳美齡
印　　務	許丁財
出 版 者	橘子文化事業有限公司
總 代 理	三友圖書有限公司
地　　址	106台北市安和路2段213號4樓
電　　話	(02) 2377-4155
傳　　真	(02) 2377-4355
E — mail	service@sanyau.com.tw
郵政劃撥	05844889 三友圖書有限公司
總 經 銷	大和書報圖書股份有限公司
地　　址	新北市新莊區五工五路2號
電　　話	(02) 8990-2588
傳　　真	(02) 2299-7900
製版印刷	卡樂彩色製版印刷有限公司
初　　版	2016年09月
一版五刷	2021年10月
定　　價	新台幣435元
I S B N	978-986-364-093-6（平裝）

SANYAU
http://www.ju-zi.com.tw
三友圖書
友直 友諒 友多聞

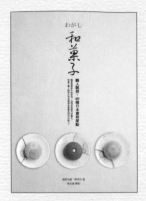

和菓子

職人親授，60種日本歲時甜點

渡部弘樹、傅君竹 著／楊志雄 攝影
定價450元

隨著春夏秋冬的更迭，呈現花鳥風月的變化，和菓子職人與您分享美學與食感兼具的手作點心。從內餡、外皮、技法到裝飾，均有詳細圖文解說，只要掌握基本要領，你也可以製作各式各樣精緻小巧的和菓子。

超人氣馬卡龍X慕斯

70款頂級幸福風味

鄒肇麟Alan Chow著
定價280元

女孩必學70款超人氣幸福甜點！色彩繽紛、造型俏皮。不需特殊工具、不需專業烤箱，教你用最簡單的手法，創造出不平凡美味。在家就能品嘗專業級馬卡龍跟慕斯。

果醬女王的薄餅&鬆餅

簡單用平底鍋變化出71款美味

于美芮 著／蕭維剛 攝影
定價389元

簡單的作法、清楚的步驟解析，用平底鍋就能做出的美味點心！從最基礎的鬆餅&薄餅開始，教你搭配泰式、中式、美式……不同國家的美食元素，做出無國界美味料理！

糖霜餅乾

在家也能做出星級點心！

黃品仙Peggy Wong著
定價300元

皇室糖霜基本製法、各式擠花技巧、造型糖霜餅乾示範詳解，由淺入深，以圖文對照方式詳細解說製作方法。Step by Step，輕鬆做出創意十足的糖霜餅乾！

小家幸福滋味出爐！

用鬆餅粉做早午晚餐X下午茶X派對點心

高秀華 著／楊志雄 攝影／定價300元

不只是教你做司康、布朗尼、夾心餅乾……，玉子燒、墨式塔克餅、披薩等等意想不到的鹹食料理也通通收錄！用鬆餅粉和簡單材料輕鬆做出甜點鹹食，和家人一起度過美好的烘焙時光！

首爾糕點主廚的人氣餅乾

美味星級餅乾X浪漫點心包裝＝100分甜點禮物

卞京煥 著／陳郁昕 譯／定價280元

焦糖杏仁餅乾、紅茶奶油酥餅、摩卡馬卡龍……超過300多張清楚的步驟圖解說，按照主廚的步驟step by step，讓任何人都能做出內外兼具的甜美禮物，完美表達最溫暖體貼的心意。

三友圖書有限公司 收

SANYAU PUBLISHING CO., LTD.

106　台北市安和路2段213號4樓

三友圖書
讀書俱樂部

「填妥本回函，寄回本社」，即可免費獲得好好刊。

粉絲招募
歡迎加入

臉書／痞客邦搜尋
「微胖男女編輯社-三友圖書」
加入將優先得到出版社提供
的相關優惠、
新書活動等好康訊息。

四塊玉文創╳橘子文化╳食為天文創╳旗林文化
http://www.ju-zi.com.tw
https://www.facebook.com/comehomelife

親愛的讀者：
感謝您購買《懷舊糕餅2》一書，為感謝您對本書的支持與愛護，只要填妥本回函，並寄回本社，即可成為三友圖書會員，將定期提供新書資訊及各種優惠給您。

姓名＿＿＿＿＿＿＿＿＿＿＿＿＿＿＿＿＿ 出生年月日＿＿＿＿＿＿＿＿＿＿＿＿＿＿＿

電話＿＿＿＿＿＿＿＿＿＿＿＿＿＿＿＿＿ E-mail＿＿＿＿＿＿＿＿＿＿＿＿＿＿＿＿＿

通訊地址＿＿＿＿＿＿＿＿＿＿＿＿＿＿＿＿＿＿＿＿＿＿＿＿＿＿＿＿＿＿＿＿＿＿＿＿＿＿

臉書帳號＿＿＿＿＿＿＿＿＿＿＿＿＿＿＿＿＿＿＿＿＿＿＿＿＿＿＿＿＿＿＿＿＿＿＿＿＿＿

部落格名稱＿＿＿＿＿＿＿＿＿＿＿＿＿＿＿＿＿＿＿＿＿＿＿＿＿＿＿＿＿＿＿＿＿＿＿＿＿

1 年齡
□ 18 歲以下　　□ 19 歲～ 25 歲　□ 26 歲～ 35 歲　□ 36 歲～ 45 歲　□ 46 歲～ 55 歲
□ 56 歲～ 65 歲　□ 66 歲～ 75 歲　□ 76 歲～ 85 歲　□ 86 歲以上

2 職業
□軍公教 □工 □商 □自由業 □服務業 □農林漁牧業 □家管 □學生
□其他＿＿＿＿＿＿＿＿＿＿＿＿＿＿＿＿＿＿＿＿＿＿＿＿＿＿＿＿＿＿＿＿＿＿＿

3 您從何處購得本書？
□博客來　□金石堂網書　□讀冊　□誠品網書　□其他＿＿＿＿＿＿＿＿＿＿＿＿＿
□實體書店

4 您從何處得知本書？
□博客來　□金石堂網書　□讀冊　□誠品網書　□其他
□實體書店＿＿＿＿＿＿＿＿＿＿＿＿＿ □ FB（微胖男女粉絲團 - 三友圖書）
□三友圖書電子報　□好好刊（季刊）　□朋友推薦 □廣播媒體

5 您購買本書的因素有哪些？（可複選）
□作者 □內容 □圖片 □版面編排 □其他＿＿＿＿＿＿＿＿＿＿＿＿＿＿＿＿＿＿

6 您覺得本書的封面設計如何？
□非常滿意 □滿意 □普通 □很差 □其他＿＿＿＿＿＿＿＿＿＿＿＿＿＿＿＿＿＿

7 非常感謝您購買此書，您還對哪些主題有興趣？（可複選）
□中西食譜 □點心烘焙　□飲品類　□旅遊　□養生保健　□瘦身美妝 □手作　□寵物
□商業理財　□心靈療癒　□小說　　□其他＿＿＿＿＿＿＿＿＿＿＿＿＿＿＿＿＿

8 您每個月的購書預算為多少金額？
□ 1,000 元以下　□ 1,001 ～ 2,000 元　　□ 2,001 ～ 3,000 元　　□ 3,001 ～ 4,000 元
□ 4,001 ～ 5,000 元　　□ 5,001 元以上

9 若出版的書籍搭配贈品活動，您比較喜歡哪一類型的贈品？（可選 2 種）
□食品調味類　　□鍋具類 □家電用品類　　□書籍類 □生活用品類　　□ DIY 手作類
□交通票券類　　□展演活動票券類 □其他＿＿＿＿＿＿＿＿＿＿＿＿＿＿＿＿＿

10 您認為本書尚需改進之處？以及對我們的意見？
＿＿

感謝您的填寫，
您寶貴的建議是我們進步的動力！